ISBN 978-0-259-17016-7
PIBN 10693293

English
Français
Deutsche
Italiano
Español
Português

www.forgottenbooks.com

Mythology Photography **Fiction**
Fishing Christianity **Art** Cooking
Essays Buddhism Freemasonry
Medicine **Biology** Music **Ancient
Egypt** Evolution Carpentry Physics
Dance Geology **Mathematics** Fitness
Shakespeare **Folklore** Yoga Marketing
Confidence Immortality Biographies
Poetry **Psychology** Witchcraft
Electronics Chemistry History **Law**
Accounting **Philosophy** Anthropology
Alchemy Drama Quantum Mechanics
Atheism Sexual Health **Ancient History**
Entrepreneurship Languages Sport
Paleontology Needlework Islam
Metaphysics Investment Archaeology
Parenting Statistics Criminology
Motivational

7

ATENEO DE MADRID

RESUMEN DE LAS CONFERENCIAS

SOBRE

CIENCIA MILITAR

Pronunciadas durante el **CURSO DE ESTUDIOS SUPERIORES** del año 1902

POR EL CORONEL

D. JOSÉ MARVÁ Y MAYER

DIRECTOR DEL LABORATORIO DE INGENIEROS

MADRID
ESTABLECIMIENTO TIPOGRÁFICO «EL TRABAJO»
10, Calle de Guzmán el Bueno, 10
1902

de Olivart,
de la "Revista Técnica,"

su afmo amigo.

Faustino del Río

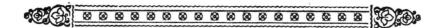

LA CIENCIA MILITAR EN EL ATENEO

(CONFERENCIAS DEL CORONEL MARVÁ)

I

(Resumen de la primera conferencia, 17 Enero, 1902.—Con 20 preyecciones fotográficas.)

LOS ULTIMOS PROGRESOS

Política internacional: Alborada del siglo xx.—El mito del Derecho y la realidad de la fuerza.—·Triunfo de la *Realpolitik.*—Lo que nos queda y lo que peligra.—*Laboremus.*

Telegrafía: Telegrafía sin alambres (sistema aéreo).—Telegrafía Pilsoudsky (sistema telúrico).—Telegrafía óptica por los rayos ultravioletas.

Metalurgia: El aluminio y el partinio.— Nuevas aplicaciones.

Industria militar: Armas y explosivos.—El cañón Gathmann —El proyectil-hornillo.—La maximita.

Ciencia naval: La navegación submarina.—Submarinos de flotabilidad nula y de flotabilidad positiva.— El submarino Holland.

Otras aplicaciones: La Radiografía en campaña.—El Telegráfono —Artilleria agrícola.—La iluminación de los campos de batalla.

Aerostación: Resurgimiento del problema.—¿Qué ha hecho Santos Dumont?— La Aeronáutica es una ciencia militar.

Brillante comienzo han tenido en el presente curso de *Estudios Superiores* las interesantes conferencias del Coronel Marvá. Su obra oratoria y didáctica del año último, había dejado en el auditorio esa grata impresión del ánimo, satisfecho y ganoso á la vez, ahito y ávido á un tiempo, que va llenando la medida del deseo al par que abre el espíritu á nuevas voliciones, del mismo modo que los cambios de amena perspectiva van infundiendo en el espectador la plácida realidad del diorama presente y la dulce ilusión de sucesivas recreaciones.

No mucho, pues, que apenas terminado el curso de *Automovilismo*, palpitara ya el deseo de oir otra vez al maestro, y que al anuncio de apertura acudieran al Ateneo, como el año anterior, cuantos hallan en la vida de la inteligencia un solaz que no encuentran en el *far niente* del gárrulo congresillo. Y en verdad que no vieron fallidas sus esperanzas, porque la conferencia inaugural ha sido, indiscutiblemente, una de las oraciones más hermosas que se han escuchado en aquel recinto. Con absoluto dominio de la materia, elegante dicción y claridad insuperable, desarrolló el Coronel Marvá el concepto de los últimos progresos aplicados á la milicia, presentando el cuadro completo del año científico-militar, con arreglo al cuestionario que damos á continuación, acompañado de un resumen de las explicaciones del maestro.

La Política internacional.

La Política y el Derecho.—El exordio de la conferencia encaminóse á recorrer el vasto escenario de la Política para inferir de qué manera, en los albores del siglo xx, se desenvuelven las relaciones de pueblo á pueblo, y cómo los multiplicados progresos en las Ciencias, en las Artes, en las costumbres, en la cultura de la sociedad presente, no arguyen en modo alguno el progreso de la pseudo-ciencia Política. Esta, como en tiempos del sagaz Florentino, sigue siendo el arte del engaño y de la astucia dirigidos á la expoliación de las naciones. Es necesario haber perdido completamente el sentido de la realidad, para seguir creyendo en la fuerza del Derecho y en la eficacia virtual de las buenas razones. La ética de la gobernación de los Estados no registra el capítulo de *vitam impendere vero*, y los grandes cancilleres del mundo *civilizado* (!) acaban de enterrar definitivamente el descarnado esqueleto de la política romántica, inspiradora un día de los pueblos que yacen hoy exangües, sin horizonte y sin luz.

A los proyectos de desarme, pregonados por los filántropos eminentes, responden los aprestos estruendosos de formidables armamentos; á los suaves acordes del Congreso de La Haya, replican clamores de guerra en las cinco partes del mundo, y á las templadas prédicas de paz perpétua, política de moral y apelación al arbitraje, contestan: Bulow, proclamando el «saludable egoismo nacional»; Chamberlain, invocando el «supremo interés de Inglaterra»; Delcassé, mandando acorazados á la isla de Lesbos, y Roosewelt, invadiendo el territorio de América central. La alborada del siglo xx ilumina, pues, el triunfo de la «Realpolitik» y enciende los blandones funerarios de la política de principios, de idealismos y de sentimientos.

En presencia de tan ostensibles orientaciones hacia la fuerza material de los poderes públicos; bajo el imperio de un mercantilismo fatalmente necesario, á cuya brutal omnipotencia se rinden la Justicia y el Derecho; después de asistir á los desbordamientos piráticos de Pekín, á la sangrienta mutilación de nuestras Indias, y á los ignominiosos desafueros del Transvaal, ¿habrá todavía—preguntaba el maestro—algún espíritu candoroso que crea en el amuleto salvador de la neutralidad sin coselete? Y si los pueblos inermes no han de tener en los dictados de la razón, seguro valladar contra las demasías ajenas, ¿qué otra cosa pueden hacer sino acudir al hierro para curar su anemia y practicar la esgrima para acerar el músculo?

Abundando en este orden de ideas, advierte cómo, después de malrotada la herencia de nuestros mayores, aún nos queda mucho que perder, aún poseemos la porción más valiosa de nuestra hijuela, aquella donde los viejos hidalgos castellanos custodiaban la veneranda tradición de sus mayores: los cuatro muros de la casa solariega, y los cuatro predios que la circundan. En ellos, el buho rapaz husmea el nido, y la zorra vigilante acecha su presa. No ensillemos el cuartago en pos de quiméricas aventuras, pero rastrillemos las puertas y soltemos la cadena del mastín.

Después de sentado, como axioma del orden experimental, que la integridad de todo territorio hállase hoy en cierto modo tan amenazada como en los tiempos bárbaros, el problema de la conservación de los Estados viene á plantearse como un aspecto de la lucha por la existencia; la necesidad de vivir lleva aparejada la necesidad de defenderse, y aun de atacar, si es preciso, para la conservación de esa existencia. Invocando á tal propósito el testimonio de Von der Goltz, concluye el Coronel Marvá estableciendo el supremo interés de reunir las fuerzas todas de la nación, educándolas en la paz, para la guerra, con el recurso de cuantos medios proporcionan la inteligencia, la riqueza y el comercio, siempre bajo la máxima fundamental de usar de la fuerza sin trabas ni limitaciones.

En esta parte del discurso ratifica el Coronel Marvá las conclusiones formuladas en la primera conferencia del curso anterior, y sentando con ellas la urgente precisión de robustecer nuestras instituciones armadas, y la necesidad de estudiar cuanto se contrae al mejoramiento de los medios de ataque y defensa, entra seguidamente á exponer los progresos científico-militares en el transcurso del año que acaba de expirar.

La telegrafía.

Telegrafía sin alambres (sistema aéreo).—Merced á la incansable tenacidad de Marconi, la comunicación á través del espacio por medio de la onda hertziana va extendiendo su radio de acción. Hace apenas cuatro ó cinco años que los ensayos abandonaron el gabinete para entrar en el campo de las tentativas prácticas, y consideróse al principio como gran victoria el obtener correspondencia entre dos estaciones distanciadas á tres kilómetros. Perfeccionamientos sucesivos permitieron alargar la comunicación á 50, 150 y 300 kilómetros, pero el alcance asombroso de 3.000 kilómetros, conseguido últimamente entre Inglaterra y la isla de Terranova, ha coronado los esfuerzos del inventor, demostrando que la comunicación telegráfica es prácticamente posible á cualquier distancia, siempre que se disponga de la necesaria elevación de antena (1).

El genio militar, atento siempre al anuncio de todos los descubrimientos para prohijarlos y nutrirlos, dió impulso vigoroso á esta telegrafía, montando sus aparatos en las naves de guerra y aplicándolos á la defensa de costas. Si las dificultades inherentes á la implantación de todo instrumento nuevo hicieron dudar ayer del valor práctico del sistema Marconi, las últimas é incesantes mejoras van abriendo un estado de confianza que permite acariciar, no ya la eficacia de sus servicios como medio de relación entre los barcos de una escuadra y entre ésta y la costa, sino también como un sistema seguro é inapreciable de co-

(1) Conductor metálico que se eleva en la atmósfera y desempeña en el aire un papel análogo al que en la telegrafía ordinaria representa la *plancha de tierra*.

municación en todas las operaciones de la guerra naval y en las de campaña de un Ejército.

Hoy, que el monopolio de los cables submarinos da la victoria, porque da el medio de aislar al enemigo, la posesión de un instrumento que los anule reviste una importancia de primer orden que no es necesario encarecer. El telégrafo aéreo, que suprime todo medio artificial entre las estaciones corresponsales, puede asegurar las relaciones entre el continente y las islas, entre la metrópoli y sus colonias. La guerra hispano-americana, y los ensayos realizados en Francia (1901) entre su costa del mediodía y la isla de Córcega, ofrecen ejemplos instructivos que el sabio conferenciante invoca y analiza en favor de su tesis.

Pero, no obstante las precauciones tomadas á bordo de los barcos de guerra para garantir la existencia de las antenas y el regular funcionamiento de los aparatos, y á pesar de los prolijos esfuerzos llevados á cabo para su mejor adaptación á la guerra terrestre, son graves todavía los inconvenientes con que tropieza su empleo, como, á despecho de los ingleses, ha demostrado la campaña del Transvaal.

Los defectos del sistema no estriban ni en el volumen de los órganos esenciales ni en su transportación, sino en la exquisita impresionabilidad que los caracteriza y en la influencia perjudicial de los accidentes del terreno, que absorben la onda eléctrica en perjuicio de la recepción. El primer inconveniente compromete el secreto de los telegramas, pues desde el momento en que las radiaciones se propagan en el espacio, de modo parecido á las ondas que produce en un estanque la caída de una piedra, todo receptor colocado en el camino de estas ondas recibirá el despacho; y aunque para dar vado á tan grave defecto se estudia el modo de sintonizar los receptores, de modo que no se impresionen más que para determinada cualidad de onda, el remedio no se ha hecho práctico todavía. El segundo inconveniente se allana procurando mayor capacidad al sistema, lo que se consigue dando á las antenas mucha elevación, fijándolas en los extremos de altos mástiles, ó remontándolas con globos cautivos como ha hecho Marconi en Terranova; pero esta impedimenta limita el uso de dicho telégrafo en campaña.

Telegrafía Pilsoudsky (Sistema telúrico).—A remediar estos defectos, en sus aplicaciones militares, se dirigen los esfuerzos del ruso Pilsoudsky. Para sugerir un concepto claro de esta innovación, explica el conferenciante la estación Marconi, que podemos resumir así: compónenla un aparato transmisor y otro receptor; el primero es un organismo oscilante de inducción, formado esencialmente por cuatro esferas metálicas entre las cuales saltan chispas producidas por una corriente inducida que sé engendra cada vez que se quiere transmitir una señal; entonces vibran las esferas dando lugar á ondas electro-magnéticas que atraviesan el espacio y llegan al receptor, colocado á una distancia tal, que las ondas, al tocar la antena de éste, conservan la cantidad de movimiento necesaria para excitarle. Esta excitación modifica el estado de cierta sustancia pulverulenta (cohesor), la cual, por virtud de su cambio estático, cierra el circuito de un relevador muy sensible que gobierna otro circuito donde se halla un aparato Morse; éste funciona, pues, como de ordinario, y, por consiguiente, graba en su cinta las señales producidas por el sistema oscilante.

Se comprende sin esfuerzo, que, si la onda encuentra obstáculos que la rompan ó atenúen antes de llegar á la antena de la estación correspondiente, la recepción no tendrá lugar ó se verificará de un modo incierto, y de ahí la necesidad de dar á la antena elevaciones extraordinarias que dificultan su empleo en campaña, no tanto por el trabajo de obtener esas alturas, como por el blanco que presentan las antenas, las cuales se convierten así en tránsfugas denunciadores de la situación de las tropas, con los consiguientes peligros para éstas y para los aparatos.

Meditando Pilsoudsky en la supresión de las antenas, pensó que siendo los sólidos excelentes conductores de toda vibración, debieran serlo asimismo de la vibración eléctrica, y que, por tanto, podría ésta transmitirse por la tierra en lugar de hacerlo por el aire, sorteándose así el inconveniente de la visibilidad de las antenas y también el de la sorpresa de los despachos.

En este sencillo principio está basado el sistema Pilsoudsky, realizado últimamente á favor de placas enterradas y disposiciones de detalle que no caben en un somero extracto de la conferencia.

Telegrafía óptica por los rayos ultravioletas.—El fundamento científico de la telegrafía óptica por el heliógrafo no puede ser más elemental: un espejo que recibe los rayos solares y los refleja en dirección conveniente con intermitencias que producen destellos cortos y largos, simbolizando los puntos y las rayas del alfabeto Morse; ó bien, si se trata de un aparato nocturno, las apariciones y ocultaciones de cualquier luz, obtenidas con una pantalla opaca, y combinadas, según su duración, para formar el mismo alfabeto.

El peligro de la indiscreción salta á la vista, porque la reserva, tan necesaria en las empresas militares, queda seriamente comprometida cuando el enemigo se percata de la maniobra. Gracias á las propiedades de los rayos ultravioletas, recientemente aplicados á la telegrafía óptica, ésta se ha curado de su defecto capital. ¿Y qué son los rayos ultravioletas?

El hombre es una máquina maravillosa, pero al fin limitada; en torno suyo bullen multitud de fenómenos que escapan á la grosera receptividad de sus sentidos; ni los ojos dan la gama de todos los colores, ni el oído recoge la escala de todos los sonidos. Fuera del arco iris, más allá del violado y más acá del rojo, existen radiaciones invisibles que forman parte del espectro y actuan á distancia, produciendo fenómenos físico-químicos, utilizados hoy en provecho de las comunicaciones militares, para crear un nuevo sistema de telegrafía que puede considerarse como intermedio entre el de Marconi y el óptico ordinario.

Atajando las explicaciones relativas á la dispersión de la luz blanca y á las propiedades químicas y caloríficas de estas radiaciones, por no caber en un resumen, diremos en sustancia que los rayos ultravioletas, al herir un cuerpo electrizado, lo descargan; no atraviesan el vidrio, pero sí el cuarzo; de suerte que si en el aparato transmisor se disponen una fuente luminosa, lentes de cuarzo y una pantalla de vidrio, la luz será visible á través de todos estos cuerpos, pero los rayos ultravioletas no podrán pasar cuando la pantalla esté interpuesta; al separarla, estos rayos llegarán al aparato receptor, hiriendo un cuerpo electrizado, que, al descargarse, provocará una onda generadora de señales en un Marconi adjunto. Y como el foco luminoso permanece constantemente visible, toda vez que la maniobra de la pantalla no lo eclipsa, resulta en absoluto garantido el secreto de la correspondencia.

La metalurgia.

El aluminio y el partinio.—El desarrollo de esta ciencia durante el siglo XIX se ha marcado por pasos de gigante. El sabio Coronel hace ver cómo las exigencias vivificadoras de la guerra se han dirigido á enriquecer la industria general en bien de la humanidad. Apenas alborea el aluminio, el brazo militar se apodera de él para procurarse las inestimables ventajas que resultan de su notable ligereza, y como por ley eterna, después de poseer lo bueno se aspira á lo mejor, comenzó la serie de experiencias, encaminadas á purgar de sus defectos al nuevo metal.

Primero se pidió mayor producción para saciar la demanda; después, más pureza para disminuir su alterabilidad, y hoy, no estando satisfechos de su resistencia, lo aleamos á otros metales para multiplicarla. Gracias al insigne Moissan se han reducido al 1 por 100 las impurezas del aluminio, y su aleación con el manganeso y el tungsteno acaba de producir el *partinio*, cuyas constantes específicas dan idea de la excelente resistencia que alcanza:

PARTINIO	Densidad.	Coeficiente de fractura por extensión. — (Kgs. por mm².)	Alargamiento por 100.
Laminado......................	3	37	10 á 12
Fundido en molde de arena	2,89	12	5 á 6

Estas cualidades le dan un empleo muy apropiado para planchas y vigas laminadas, y le indican especialmente para toda obra de carretería, ya que su ligereza permitirá mayor velocidad y economía de fuerza tractora, factores ambos de inapreciable valor á causa de las grandes masas que debe mover la guerra moderna.

Aparte de estas nuevas aplicaciones del aluminio, cabe señalar la que recientemente se le ha dado como agente reductor por su gran afinidad con el oxígeno; puesto en presencia de compuestos oxigenados, es un precioso elemento para obtener ciertos metales muy difíciles de aislar hasta ahora. Si el campo de sus aplicaciones está limitado aún por el precio que alcanza, menor cada día merced á la producción electrolítica, aquellas han de ir extendiéndose, cuando abaratado por los continuos progresos de la electro-metalurgia, pueda competir con el hierro y sus similares.

La industria militar.

Armas y explosivos.—El avance colosal de todas las industrias en las postrimerías del siglo XIX, ha sido espoleado incesantemente por el fecundo antagonismo entre el cañón y la coraza. Reconocido por los estadistas como argumento Aquiles el del mayor poder destructor, á él se han consagrado todas las actividades, manteniendo en continuo hervor el horno, la fragua y la retorta. Abandonadas tiempo há, por ineficaces, las gruesas planchas de hierro forjado, pusiéronse á contribución nuevos métodos para obtener mayores resistencias con menores espesores, apareciendo sucesivamente el acero dulce Schneider, el metal *compound* ó planchas con una cara de hierro y otra de acero; la coraza de *acero-niquel*, y finalmente, las *planchas Harvey*, de cementación progresiva, cuya dureza tiene su máximo en la cara de paramento y va disminuyendo hacia el interior conforme decrece la densidad de cementación, ó sea la proporción del carbono aprisionado en la masa.

La plancha cementada ofrecía las cualidades requeridas para oponerse á la penetración del proyectil: dureza superficial, elasticidad, resistencia en la parte interna y tenacidad para no quebrantarse por el choque; pero aplicadas también al proyectil las aleaciones endurecidas, los explosivos al interior y las cargas exteriores de mayor efecto proyectante, bien pronto se reconoció la vulnerabilidad de las planchas Harvey, obligando á mejorar los procedimientos de su fabricación, que el confereciante reseñó, deteniéndose á describir el adoptado por Krupp, y que consiste, sumariamente, en cementar las planchas, no por el carbón, como hacía Harvey, sino por el gas del alumbrado, que cede su carbono á la plancha, previamente calentada, y la va carburando de modo gradual y perfecto.

Las planchas así mejoradas han venido á restablecer el perdido equilibrio entre las armas ofensiva y defensiva, inclinando la balanza del lado de ésta. Para restablecer los valores se ha pedido al cañón un nuevo esfuerzo, y Gathman acaba de darlo.

Cañón Gathmann.—La tendencia que lo informa es llegar á romper la coraza, empleando el proyectil, no como un arma perforante sino como un torpedo aéreo, como un hornillo de mina llevado á la plancha por la carga de proyección; de aquí un aumento de calibre para agrandar el hornillo, y una materia de mucha energía para conseguir explosiones enormemente demoledoras. Las experiencias preliminares de Gathmann, consistieron en estudiar los efectos producidos por una carga simplemente adosada, primero, y después algo separada. Dichos efectos fueron terribles con la primera disposición, pero al aumentar la distancia disminuían en términos considerables.

Damos aquí los datos principales de este cañón, fabricado y probado en los Estados Unidos:

Peso total. . . . . 59,6 toneladas.
Longitud ídem. . . . . 13,42 metros.
Diámetro exterior de la recámara. 1,12 ídem.
Idem interior ídem. . . . . 0,45 ídem.
Carga de proyección. . . . . 140 kilogs.
Idem de explosión. . . . . 285 ídem.
Presión en la recámara. . . . . . . 1.406 kgs. por cm².
Velocidad inicial calculada. . . . . 533 metros por 1".

Este gigantesco cañón se ha experimentado con éxito muy lisonjero, empleando para su carga explosiva distintas materias, cuyos efectos comparativos se indican seguidamente.

La maximita.—Es el nuevo producto con que el sabio Maxim ha enriquecido la Química militar. Este poderoso explosivo acaba de acreditar sus excelentes condiciones rompedoras en la serie de ensayos efectuados por la comisión de Sandy-Hook (Estados Unidos), en los cuales se hizo uso del cañón Gathmann, disparando con cargas explosivas de *maximita*, dundita y otras en comparación con la primera, cuyos efectos destructores son asombrosos, como hacen ver las proyecciones fotográficas con que se ilustra esta parte de la conferencia.

Sobre planchas Krupizadas de 30 cm., iguales á las de los acorazados *Maine* y *Missouri*, el efecto de los proyectiles ordinarios se tradujo en pequeñas exfoliaciones y penetraciones parciales de algunos centímetros; pero empleando la granada cargada con maximita, la penetración y el rompimiento fueron de tal cuantía que los norte-americanos no cesan de loar su triunfo.

Ciencia naval.

La navegación submarina.—La arquitectura naval, en su varias modalidades, compendia y ostenta las múltiples ramas del humano saber; ella es el testimonio más elocuente de la virtud progresiva y creadora de la guerra. Nuestro espíritu se recrea y conforta escuchando esta conclusión formulada por el maestro siempre que un adelanto, un nuevo método, un paso al frente por la vía del trabajo, le ofrecen ocasión de señalar los altos destinos civilizadores del organismo bélico.

El aguijón estimulante de la guerra, que trajo el acorazado y el torpedo automóvil, el torpedero y el contratorpedero, está en vísperas de realizar las maravillas de la navegación submarina interoceánica, ya que la costera puede considerarse resuelta con los últimos tipos de torpedos submarinos.

El Coronel Marvá sintetiza el proceso evolutivo de estos monstruos sorprendentes, y enuncia después su clasificación actual.

Submarinos de flotabilidad nula.—El barco, herméticamente cerrado, flota en la superficie; para descender necesita lastrar sus tanques inundables, y vaciarlos para elevarse. Los peligros que amenazan á la tripulación constituyen el inconveniente capital de estos tipos.

Submarinos de flotabilidad positiva.—Se caracterizan por la facultad de poder flotar sin acudir á la maniobra de sus distintos órganos, lo cual les permite aguardar la llegada de auxilios en el caso de que dichos órganos se inutilicen. La sumersión se consigue por medio de hélices y timones horizontales.

Este grupo se subdivide en dos: los de *motor único* (tipos Gymnote, Zédé, Morse, Argelino, Francés, etc.,) y los *autónomos* (tipo Narval) que se distinguen por su gran tonelaje, amplio radio de acción y doble motor eléctrico y térmico, circunstancia esta última que asegura la fuerza motriz en todos los casos.

El submarino Holland.—Este tipo, que pertenece al grupo de los autónomos, constituye la última palabra pronunciada sobre la materia en los Estados Unidos. El conferenciante da cuenta de los trabajos de Holland, encaminados á perfeccionar su primer tipo submarino. Del último se han construído seis, cuyas características son:

Longitud total . . ·   20   metros.
Diámetro.   3,60   íd.
Desplazamiento, sumergido.   120   T.
Radio de acción (en la superficie) .   400   millas
Radio de acción (sumergido).   4   horas á 7 millas.

Describe después las distintas partes de que consta, que son, en
resumen: los tanques de gasolina y de compensación en la parte anterior, con los cilindros de aire comprimido para el lanzamiento de torpedos Whitehad (45 cm.); máquina de ¡gasolina (190 caballos) y motor
eléctrico (70 caballos). Hace notar las circunstancias que aseguran su
equilibrio, la evitación de puntos salientes y lisura del casco para evitar
rozamientos y enganches peligrosos; explica la maniobra de los timones horizontales automáticos, y suponiendo el encuentro de un barco
enemigo, expone la manera de conducir el ataque y operar la retirada.

Otras aplicaciones.

Radiografía y Fluoroscopia.—Hace apenas seis años que Roenghen
sorprendió al mundo con sus primeras experiencias sobre rayos X,
y en cuanto este descubrimiento toma cuerpo, la Cirujía militar se apodera de él en provecho del elemento combatiente.

Después de explicar el fundamento científico de este poderoso medio de investigación, que sutiliza la vista del hombre permitiéndole ver
á través de los cuerpos opacos, expone las diversas aplicaciones que ha
encontrado hasta hoy, y los dispositivos especiales que se han dado á
estos aparatos para su mejor transporte y empleo en los campos de
batalla. Detiénese á describir el coche adoptado en el ejército alemán,
é ilustra esta parte del discurso con proyecciones que representan los
detalles de instalación para el reconocimiento de heridos en las ambu-
lancias sanitarias.

El Telegráfono.—El secreto de las operaciones militares, que es
la llave del éxito, no puede mantenerse sin el secreto de las órdenes,
muy difícil de guardar cuando la índole del instrumento con que se co-
munican no asegura por sí mismo la discrección, ni permite fijar la saludable responsabilidad que arroja la orden escrita. El teléfono es un

precioso aparato volante en la explotación de muy pequeños ramales, en las instalaciones de movilidad extrema, en el servicio de puestos avanzados, observatorios, etc., pero el grave inconveniente de no registrar la palabra, excluye su empleo en la transmisión de órdenes que impliquen movimiento de tropas, prestación de servicios importantes, instrucciones reservadas, etc.; pues hallándose estos aparatos, por su misma sencillez, al alcance de cualquier malintencionado, y sobre todo, no dejando impresos los términos precisos de una orden, la interpretación de esta queda impunemente á merced del que la recibe.

El telegráfono, nueva conquista de la ciencia eléctrica, que deja grabado el telefonema á medida que se le va transmitiendo, ha dado al teléfono la capital propiedad que le faltaba para ser un instrumento de absoluta eficacia en las comunicaciones militares.

Artillería agrícola.—Extraño y notablemente curioso es el nuevo empleo de las bocas de fuego, empleo que ha pasado de la vía experimental al terreno de la práctica, si se ha de juzgar por las últimas referencias.

El cañón, que siempre ha despertado sentimientos de horror en el alma del filántropo, pide hoy mansamente un lugar entre los aperos de labranza. Tiene, pues, derecho al respeto cuando vomita la muerte, ya que también alimenta la vida defendiendo los plantíos y asegurando nuestras cosechas.

Iluminación de los campos de batalla—El auge alcanzado por la industria del *acetileno*, y las seguridades que va ofreciendo el uso de este gas, han motivado su reciente aplicación al Ejército. El gran poder iluminante que posee, permitirá registrar el campo para recoger los heridos y no dilatar los auxilios sanitarios. Así lo han comprendido en Alemania, donde acaba de ser ensayado un carruaje provisto de aparatos de luz, gasógenos y demás adminículos necesarios.

Aerostación.

El problema resurge.—Desde que los Capitanes Renard y Krebs, hará quince años, llevaron á cabo sus notables experiencias, el interés público, cautivado un momento, fué desvaneciéndose, y el problema de la navegación aérea entró en un período de remanso del cual no ha conseguido sacarle algún que otro intento poco afortunado; pero las recientes y repetidas ascensiones de Santos Dumont, en París, coronadas por un éxito muy discutido, pero al fin consagrado por el Aero-club de aquella capital, han tenido el privilegio de embargar la pública expectación, de apasionar todos los ánimos, y de poner, otra vez, el problema sobre el tapete.

Tanto por la actualidad del asunto como por el vivo interés que reviste para el hombre de guerra, el Sr. Márvá entra en el examen de dichas ascensiones, presenta fotografías de todas ellas, estudia el globo de Dumont, narra las vicisitudes y los peligros corridos por éste, y abordando el lado positivo de la cuestión, aquilata el valor técnico de este *succés*.

Lo que ha hecho Santos Dumont.—En difinitiva, ¿qué ha hecho Santos Dumont? Sus notables trabajos, ¿han aportado al problema datos nuevos, elementos resolventes, progresos efectivos dentro de la técnica aeronáutica? La musa popular, pronta siempre á ceñir las sienes del héroe al día, ha tejido ya la corona que indiscutiblemente merecen la bravura, la abnegación y la constancia, puestas al servicio de una causa generosa; pero sin apagar los fuegos del entusiasmo ni enmudecer al elogio, cabe decir, desde las serenas regiones de la ciencia, que la obra realizada, en lo que tiene de técnica, ni ha marcado nuevos derroteros ni ha traído soluciones al problema.

No hay que sacar las cosas de sus quicios naturales. Santos Dumont es un espíritu superior que deposita en el altar de la ciencia las caras ofrendas de su fortuna y de su vida. Es el tipo perfecto del aeronauta: pocos años, poco peso, mucha vista; es acróbata consumado y tiene el amor de las alturas, los bríos de la juventud y la tenacidad del apóstol. Con tales condiciones ha podido utilizar, en circunstancias favorables, un elemento poderosísimo que no le pertenece: el motor. Sin la reducción que éste ha sufrido en su peso muerto, sin el mayor valor de la relación entre la potencia efectiva y el peso total que debemos al automovilismo, las cosas hallaríanse en el ser y estado que tenían hace veinte años.

Por lo demás, el insigne Dumont no es el primer aeronauta que partiendo de un punto ha regresado al mismo, siguiendo un itinerario preestablecido; antes que él, muchos años antes, los ya citados Renard y Krebs, Capitanes entonces del Ejército francés, consiguieron cerrar la curva de marcha, valiéndose, sin embargo, de motores menos perfectos que los fabricados actualmente.

La Aeronáutica es ciencia militar.—Por razón de sus primeras aplicaciones; por ser hombres de milicia los que en mayor grado han contribuído á fomentarla; por el preferente lugar que ha conquistado en los ejércitos y la solicitud con que éstos la cultivan; por el empleo del aerostato en todas las campañas y por la índole misma de este instrumento que hace de él un arma de guerra, la aerostática es una ciencia militar. Los difíciles problemas que entraña; las cuestiones relativas á formas, materiales, elementos de flotación, propulsión, dirección, seguridad, etc., han sido estudiados, propuestos ó construídos por Oficiales del Ejército, y éste ha dado siempre el mayor contingente á las tripulaciones de tan peligrosas naves.

Por tales causas, así como por la palpitante actualidad de la materia, el sabio Coronel promete consagrar á este asunto las conferencias del segundo curso de *Estudios Superiores.*

Labor omnia vincit.—Después de insistir en la necesidad de prestar atención preferente á toda clase de conocimientos que afecten al modo de ser de las instituciones armadas, da la nota consoladora de su esperanza en el porvenir, y cuenta con la seguridad del éxito anhelado, si al fin nos decidimos á marchar resueltamente por el camino del estudio, enarbolando la divisa de Stephenson «Trabajo y perseverancia», llave de todos los éxitos, y regla segura de alcanzar la grandeza de la Patria.

II

(Resumen de la segunda Conferencia, 24 de Enero de 1902, con cuatro proyecciones fotográficas.)

PROLEGOMENOS DE LA NAVEGACIÓN AÉREA

El problema en su aspecto general.—Justificación del tema.—¿Merece ocupar la atención pública?—Beneficios que la navegación aérea ha de reportar á la humanidad.—Planteamiento de la cuestión.—Concepto de la navegación aérea.—Condiciones del problema.—Aerostación y aviación.—Comparación de las dos escuelas.—Su estado actual.—La aerostación ante el Derecho.— El problema en su concepto militar. · Cuestiones de actualidad.—La guerra·como fuerza progresiva.—Aplicaciones militares del aerostato.—El Ejército en la conquista del firmamento.

Genealogía del globo no dirigible.—Aspiraciones á la conquista del aire.—El principio de Arquímedes.—Las elucubraciones del padre Lana —Fundamento científico de su proyecto.—Una nave para caminar por el aire á vela ó á remo. —Mucha imaginación y poca mecánica.—Aplicaciones militares imaginadas por el inventor de aquella nave.

La aureola del siglo XVIII.—Los predecesores.—La leyenda de Guzmán y las aberraciones de Galien.—Empleo del hidrógeno en vejigas.—El globo aéreo. --Los hermanos Montgolfier.—El 5 de Junio de 1783.—El hidrógeno al servicio de la aerostación.—Primer globo al hidrógeno.—El globo tripulado.—Primer viaje aéreo.

El problema en su aspecto general.—Justificación del tema.

¿Merece ocupar la atención pública?—Los últimos períodos de la primera conferencia, encaminados á describir las más recientes ascensiones aéreas, llevan, naturalmente, á formular la pregunta que encabeza este párrafo. La pública expectación, el apasionamiento de los ánimos, el vivo interés despertado en todas las esferas, el espacio abierto en la prensa noticiera, política y profesional á los relatos de un hecho viejo, remozado con los atractivos de la novedad, ¿tienen razón de ser? ¿Gra-

vitan sobre la firme base de los conocimientos positivos? ¿Son alboro-
zos que corean el próximo advenimiento de un Mesías lleno de prome-
sas para la humanidad? Sobre tales extremos discurre por extenso el
docto Coronel.

No cabe negar que el movimiento de atención y examen que acaba
de reproducirse, alienta y se cifra en un estado de confianza, de fe absoluta en los altos provechos que á la humanidad han de seguirse por la
conquista del aire.

Beneficios que ha de reportar á la humanidad.—Las ventajas saltan
á la vista. En el orden de comunicabilidad social, este agente podrá satisfacer ansias de relación, cada vez más intensas; infinitas vías multi-
plicarán los lazos de pueblo á pueblo y de continente á continente; rú-
tas más anchas se abrirán al cambio de las ideas y de los productos hu-
manos; el viajero y la mercancía, encontrando á toda hora la vía libre,
surcarán las distancias con el máximo aprovechamiento de tiempo y
espacio. La comunicación aérea es el camino ideal: no exige proyectos,
replanteos ni construcciones; nada de curvas, pendientes ni desarrollos;
está siempre franco, practicable y entretenido; es la línea recta, breve,
expedita y económica que el tráfico ha soñado para su total desenvolvimiento.

En el orden deportivo, el espacio brinda caminos más cómodos y
seguros que los terrestres. La vía marítima es monótona, peligrosa y
contingente; lejos del puerto, el náufrago está perdido; la vía aérea da
el paisaje, los cambios de perspectiva, la emoción del espíritu y la confianza de la playa vecina, porque el globo es un barco siempre próximo
á tomar puerto.

La Geografía, la Etnografía, las ciencias físicas y naturales, enri-
quecerán su caudal con el auxilio del aerostato. El banco de hielo cierra el paso al argonauta, el desierto detiene al explorador, el alud envuelve al alpinista en sudario de muerte; pero el globo dirigible, sor-
teando todos los obstáculos, podrá clavar el lábaro de la ciencia en los
Polos, en el Himalaya y en las arenas calcinadas del Tuareg africano.
El conocimiento de todos los lugares con la exacta noción de sus razas,
costumbres, Fauna, Flora y Minerografía; la eliminación de incógnitas
que aún encierra la física del globo, relativas á la hidrografía del planeta; á las leyes de la circulación oceánica, del movimiento glacial y de
las oscilaciones del péndulo en los Polos; á la distribución del calor, del

magnetismo terrestres y de sus variaciones seculares; la fundación de sólidas bases para la ciencia meteorológica, mediante principios amplios y completos acerca de la presión del aire, de las oscilaciones de la temperatura, de las corrientes atmosféricas y de las influencias climatológicas en el curso y desarrollo de las tempestades, tales son, en suma, con cien otros, los favores y descubrimientos que la máquina voladora promete á la humanidad.

Planteamiento de la cuestión.—Si por su inmensa trascendencia el problema es digno de estudio, y ya que los hechos realizados hasta el día demuestran que no se trata de una quimera, sino de un problema resuelto en principio, fuerza es entrar en su definición, señalando los límites entre los cuales se ha de considerar resuelta la navegación aérea.

La facultad de trasladarse de un punto á otro, elevándose por el aire con seguridad á favor de vehículos más ó menos densos que este, sugiere una concepción demasiado lata, que es preciso restringir.

CONCEPTO DE LA NAVEGACIÓN AÉREA.—El hombre no se halla conformado para moverse en las alturas; semejante aspiración está fuera de su destino. La ciencia no puede torcer las leyes naturales; ella construirá ingeniosos artificios que permitan condicionalmente surcar el espacio á diversas altitudes; pero imaginar un globo dirigible capaz de vencer los vientos más rápidos, que cruce, seguro, los tornados más furiosos, y navegue afrontando las distintas circunstancias meteorológicas, es desconocer las condiciones de posibilidad y sacar el problema de sus quicios.

Para que pueda considerarse resuelto, basta que la navegación sea factible para travesías poco prolongadas, con vientos de velocidad media, en tiempo de bonanza, y aun así, arrostrando contingencias y peligros, de los cuales no está exento ningún sistema de locomoción.

CONDICIONES DEL PROBLEMA.—La solución así entendida, entraña dos cuestiones de orden esencial: la *sustentación* y la *propulsión*. Para poder moverse á través del aire, preciso es, ante todo, conseguir la flotabilidad en ese medio; la segunda cuestión está, en cierto modo, subordinada á la primera. Se necesita, pues, asegurar la facultad de mantenerse en la atmósfera, y disponer de un agente motor capaz de realizar la traslación; esto independientemente de otros problemas que derivan de los dos principales.

Aerostación y aviación.—La navegación por los aires se pretende resolver por dos procedimientos antagónicos. La *aerostación*, propiamente dicha, designa la escuela de los que aspiran á surcar la atmósfera, valiéndose de aparatos más ligeros que el aire; la máquina empleada para llegar á este fin es el aerostato ó *globo dirigible*. La *aviación* es la escuela que se propone igual objeto á favor de artefactos más pesados que el aire, y el vehículo con que se quiere realizarlo recibe el nombre genérico de aviador ó *aeroplano*.

COMPARACIÓN DE LAS DOS ESCUELAS.—La primera, basada en el principio de Arquímedes, resuelve *hipso facto*, el problema de la sustentación; el aparato, por su propia virtualidad, flota en el aire, pero sometido á los caprichos del viento, necesita sortearlos ó vencerlos mediante una fuerza de proyección. Arbitrar esta fuerza, regularla y dirigirla, constituyen el empeño de dicha escuela. Es el caso de un hombre que se lanza en el mar, provisto de flotadores; se mantendrá sin esfuerzo en la superficie, pero será juguete de las olas como una boya, mientras no ejecute con sus remos los concertados movimientos que aseguran la dirección.

La segunda escuela se inspira en el ejemplo que da la Naturaleza. Las aves son cuerpos más pesados que el aire y, sin embargo, hienden el espacio; avanzan batiendo las alas, y se dirigen valiéndose de la cola como de un timón. ¿Por qué no imitar á la Naturaleza? Es el caso del nadador que, combinando sus movimientos, flota sobre las olas y sabe cortarlas para dirigirse. La cometa que remonta el muchacho, los estraños giros del rehilete, son hechos que sugieren la posibilidad del aeroplano.

SU ESTADO ACTUAL.—Aunque muy lejos todavía la resolución del problema por medio de la aerostación, debemos á esta escuela los mayores progresos en navegación aérea, y según todos los indicios, están de su lado las probabilidades del éxito. Señalados beneficios ha prestado ya el globo aerostático á la Geografía y á la Meteorolgía, facilitando la exploración de regiones inaccesibles y el estudio de temperaturas, densidades y corrientes en las distintas capas atmosféricas; y si hasta el día no se han registrado ventajas para la industria y el comercio, es racional esperarlos en fecha propincua, dado que la disminución de peso muerto conseguida en los nuevos motores, la mejora en los procedimientos de fabricación, la creciente bondad alcanzada en los materiales, los adelantos conseguidos en todas las esferas del trabajo, y sobre todo, el empeño ferviente que los hombres de inteligencia y de corazón ponen ahora en resolver tan arduo problema, son elementos que promenten impulsarlo en plazo breve.

La Aerostación ante el Derecho.—El estado de confianza creado en la opinión acerca de la próxima conquista del aire, se ha extendido á la Jurisprudencia, embargando el espíritu de juriconsultos y pensadores. Ya se pregunta qué sesgo van á tomar las relaciones internacionales ante una invención que borra las fronteras, suprime los portazgos y exalta el libre cambio; ya se planean sistemas policiacos aéreos, servicios aduaneros en el espacio, y se presiente la vasta codificación de un sistema de leyes que fije las relaciones del nuevo estado de cosas. A las nociones de propiedad y jurisdicción territorial y marítima, añádese ya la del dominio sobre el aire, y se ponen sobre el tapete complejas cuestiones jurídicas.

EL PROBLEMA EN SU ASPECTO MILITAR.—CUESTIONES DE ACTUALIDAD.—Pero si todas estas especulaciones hállanse todavía muy lejos de concrecionar en un cuerpo de Derecho constitutivo por lo que al orden civil se refiere, tienen en cambio palpitante actualidad en cuanto se contrae á las leyes y usos de la guerra. Por lo mismo que el Ejército ha sido la primera institución social que ha utilizado los globos, y la única que los aplica y organiza sistemáticamente, ahí es donde adquieren vivo interés y palpable realidad los varios asuntos de Derecho internacional que afectan á la navegación aérea.

A su examen se han encaminado las deliberaciones de algunos Congresos militares, y últimamente, las Conferencias de La Haya y de Bruselas han dilucidado algunos puntos relativos á tan importante cuestión.

Aceptado el globo como instrumento de guerra, es necesario estatuir la norma de sus leyes y usos. ¿Qué límites se han de trazar á su empleo? ¿Cómo deben ser considerados los tripulantes de un globo que se captura? ¿A qué reglas debe someterse al globo beligerante que aborda en país neutral? ¿Qué debe hacerse con la correspondencia que conduzca? ¿Qué concepto aplicar al globo de exploración y al que transporte pertrechos ó explosivos?

El sabio maestro discurre acerca de estos temas, dando á conocer las conclusiones recaídas sobre algunos de ellos en los últimos Congresos. Varias de estas cuestiones, y otras que de las mismas se desprenden, no pueden tener definitiva resolución hasta que la *dirigibilidad* sea un hecho. Mientras el globo vaya donde el tripulante no quiere ir, y éste carezca de medios para marchar á voluntad, el jurisperito carecerá del apoyo necesario á toda sanción penal, que es la existencia de esa voluntad en la comisión de los hechos.

La guerra como fuerza progresiva.—El ávido espíritu de asimilación que palpita en las instituciones armadas, no podía menos de manifestarse al surgir un instrumento tan valioso como el aerostato, cuyas aplicaciones á la guerra siguieron inmediatamente á su invención.

APLICACIONES MILITARES DEL AEROSTATO.—El precioso cometido que este progreso ha encontrado en las operaciones de campaña, explica el uso constante del globo aéreo en todas las guerras ocurridas desde aquel descubrimiento. Aunque aplicado alguna vez como arma ofensiva, para lanzar proyectiles sobre las plazas ó tropas enemigas, su misión militar, eficaz é inapreciable, se contrae á los servicios de exploración y comunicaciones. Ya se le considere como globo libre, ya como cautivo, ya en consorcio del teléfono, de los aparatos de luz ó de la cámara fotográfica, de todos modos, constituye un poderoso auxiliar del mando en la guerra.

En la zona táctica, descubre la distribución de las fuerzas enemigas, su composición, sus movimientos, el emplazamiento de las obras y la naturaleza de sus defensas; los fuegos de fusilería y de artillería, no obstante los progresos realizados en su alcance y precisión, no arguyen serio peligro para el globo, pues aparte de lo incierto que es el tiro fijante por elevación, los agujeros abiertos en la tela no determinan gran pérdida de gas.

En el vasto teatro de la guerra moderna, las ascensiones libres serán, por excelencia, el modo de los reconocimientos estratégicos cuando el problema de la dirección esté resuelto; pero aun hoy mismo, facilitan ya valiosos datos al Estado Mayor de los ejércitos. En los sitios de plaza, tanto al atacante como al defensor, pero especialmente á éste, presta el globo copiosas ventajas, ora como instrumento de observación, ora como aparato de señales, ora como vehículo correo. Los sitios de Metz y de París en 1870-71, son prueba bien elocuente de lo mucho que puede esperarse del servicio aerostático, pues á pesar de la organización defectuosa que á la sazón tenía dicho servicio, la mayor parte de los globos salidos de París realizaron su cometido; de 64 lanzados, 48 salvaron la correspondencia.

Otros servicios acrecentan hoy la importancia militar. del aerostato. Las aplicaciones que tiene ya como telégrafo óptico; las que puede recibir como arma ofensiva; su necesaria cooperación en la telegrafía sin alambres; la utilidad que ha de reportar en la iluminación del campo enemigo; la extensión de sus variados servicios á la marina, y otras aplicaciones que irán surgiendo al compás de sus perfeccionamientos, dan al globo aéreo una importancia colosal, y justifican sobradamente la preferencia y latitud que el Coronel Marvá concede á su estudio.

EL EJÉRCITO EN LA CONQUISTA DEL FIRMAMENTO.—Los doctores más ó menos tocados de *civilismo*, que sonríen irónicamente al oir hablar del genio creador de la guerra, ó del espíritu de inventiva y de trabajo que palpita en el alma del Ejército, hubieran depuesto un tanto su incredulidad al escuchar las consideraciones que el profesor hizo á este propósito, insistiendo sobre lo apuntado ya en la primera conferencia. Plácemes calurosos merece siempre la obra de señalar esa labor fecunda y desapercibida que realiza el soldado en todas las naciones; pero es aún más digna de aplauso cuando estas virtudes se proclaman en el seno de una sociedad tan necesitada de organismo militar, como desafecta ó indiferente á los institutos armados.

Es la milicia quien ha dado cuerpo á la ciencia de la aerostación, puesto que á los desvelos de militares ilustres se deben principalmente los adelantos conseguidos en esta ciencia. A ella consagraron su inteligencia y sus afanes, el Mayor de Infantería, Marqués de Arlandes, uno de los viajeros del primer globo tripulado que surcó los aires; Meusnier, General de Ingenieros, inventor de la forma oblonga, del globo compensador, y de la navegación por corrientes aéreas; Coutelle, Capitán de una de las compañías de aeronautas creadas en 1794, inventor del primer barníz empleado para impermeabilizar la envuelta del globo, y del procedimiento para producir el hidrógeno en gran escala mediante la acción del vapor de agua sobre el hierro enrojecido; Scott, militar distinguido, autor de un sistema mixto, para conciliar las ventajas del aerostato y del aeroplano; Dupuy de Lome, Ingeniero naval, que aplica el enlace rígido entre el globo y la barquilla, y determina por el cálculo las condiciones de estabilidad del aerostato; Renard y Krebs, Capitanes del ejército francés, los primeros que recorrieron en globo una curva cerrada préviamente establecida; el Teniente General alemán, Zeppelin, del que últimamente se ha ocupado la prensa, y muchos otros militares que en esfera más modesta coadyuvaron al estado actual de la navegación aérea.

Genealogía del globo no dirigible.

Aspiraciones á la conquista del aire.—El deseo de remontarse por los aires es tan antiguo como la humanidad, y debió palpitar en el corazón del primer hombre, cuando, apenas desprendido de la mano del Criador, alzó su frente al cielo para admirarle. La actitud bípeda del ser humano, distínguele del bruto en que le fuerza siempre á mirar arriba, como si Dios hubiera querido poner ante nuestros ojos la eterna tentación de volar por el camino de la luz y de la inmortalidad. Así, es lógico que en todo tiempo háyase intentado realizar esa natural aspiración, simbolizada en la Teogonía y en el Culto, por dragones voladores, espíritus vagarosos y querubes rosados de niveas alas.

Desde las que fabricó el inocente Icaro para huir de la cólera de Minos, hasta la peregrina invención de Clavileño, con el que Don Quijote y Sancho escalaban las regiones del fuego, el número de intentos y artificios para elevarse, ha sido tan grande como inútil. Abandonando, pues, la baldía ocupación de relatar los artefactos voladores propuestos o ensayados en la antigüedad y en la Edad Media, porque unos pertenecen á la fábula y otros carecen de todo fundamento científico, entra el Sr. Marvá en el terreno de las tentativas serias, es decir, en el estudio de los ensayos informados en principios racionales, y que pueden considerarse como el verdadero punto de partida de la navegación aérea.

No era posible que este problema pudiese dar un paso adelante mientras no recibiera el vigoroso impulso que sólo el principio de Arquímedes podía comunicarle. Aplicado este teorema fundamental, la aerostación quedaba cimentada.

El principio de Arquímedes.—En él se basa la teoría de los globos. Es bien sabido que todo cuerpo que se sumerge en un líquido, pierde tanto de su peso como pesa el volumen de líquido desalojado. Este principio, aplicable también á los gases, puede referirse al aire formulándolo así: todo cuerpo sumergido en el aire experimenta un empuje de abajo á arriba igual en magnitud al peso del aire desalojado por el cuerpo. De aquí resulta: que, si el cuerpo tiene un peso igual al del aire desalojado, se mantendrá en equilibrio, sin elevarse ni descender; si su peso es mayor que el de dicho aire, tenderá á bajar como si fuera solicitado por una fuerza igual al exceso de su peso efectivo sobre el del aire desalojado; y, por último, el cuerpo cuyo peso sea inferior al del aire desalojado, se elevará como si fuera impulsado en sentido contrario al de la gravedad por una fuerza igual á la diferencia entre el empuje y su propio peso.

Aunque este principio referido á los líquidos fuese conocido desde la antigüedad, no podía ser generalizado al aire atmosférico, por la idea largos siglos mantenida, de que la atmósfera carecía de peso; pero deshecho este prejuicio á mediados del siglo XVII, la extensión de aquel principio á los gases no se hizo esperar, abriendo una era de rápidos progresos, cuya primera etapa marca el sabio jesuita italiano Francisco Lana.

Las elucubraciones del padre Lana.—En 1670 dió éste á la estampa con el título de *Algunas invenciones nuevas*, un libro notable y del mayor interés para los anales de la aerostación, como indica el epígrafe de su capítulo VI, que dice: «Modo de fabricar una nave que camine por el aire á remo y á vela.» A la explicación de este proyecto consagra el disertante una gran parte de su discurso, demostrando con riqueza de argumentos y figuras que, abstracción hecha de algunos errores, muy explicables en aquella época, el proyecto de navegación á que nos referimos acusa un progreso extraordinario y entraña en germen las ideas hoy aceptadas.

FUNDAMENTO CIENTÍFICO DEL PROYECTO.—A diferencia de sus predecesores, este genial inventor busca el apoyo de sus aparatos en las leyes de la Naturaleza, revelándose á la crítica contemporánea como una inteligencia superior. La profundidad de sus conocimientos se descubre observando: la cifra muy aproximada que dió para peso del aire, que era 1.640 para una unidad que hoy se aprecia en 1.769; las relaciones que establecía entre este peso y el del agua; la exactitud de los trazados propuestos, deducidos de los libros 11 y 12 de Euclides; el procedimiento infalible de practicar el vacío en un receptáculo expulsando el agua previamente introducida; y, finalmente, la base virtual del proyecto, fundado en la teoría de que un cuerpo más ligero que otro se eleva sobre él, inspirándose así en el enunciado general del principio de Arquímedes. Las dimensiones dadas á las esferas que proponía; los cálculos relativos á superficies y pesos, y la resultante hallada para fuerza ascensional, son irreprochables.

LA NAVE PARA CAMINAR POR EL AIRE Á VELA Ó Á REMO.—La barquilla estaba suspendida de cuatro esferas iguales, de chapa de cobre muy delgada, é iba provista de algunos mástiles, donde habían de sujetarse las velas. Para dotar al esquife con la necesaria fuerza ascensional, imaginó practicar el vacío en las esferas, y para esto aconsejaba llenarlas de agua, vaciándolas después á favor de unas espitas oportunamente maniobradas.

Anticipábase á las objecciones que pudieran hacerse á su proyecto; para regir la nave á distintas alturas indicaba el uso del lastre de aire; contra el gran viento aconsejaba tomar tierra ó elevarse echando lastre ordinario, y proponía también para estas maniobras el empleo del ancla.

MUCHA IMAGINACIÓN Y POCA MECÁNICA.—Esta máquina, que no pasó de la categoría de proyecto, estaba concebida con tanto vigor fantástico como endeblez técnica, y el Coronel Marvá, gran escalpelista de la mecánica, entró á demostrar que esta ciencia no era el fuerte del docto jesuita. Dada la gran superficie de las cuatro esferas huecas, la presión atmosférica correspondiente las hubiera irremisiblemente aplastado. Esta superficie, sumada con la de las velas, ofrecía un blanco tan enorme al impulso del viento, que haría imposible la marcha en dirección determinada; cuando un buque de vela navega en el mar, la fuerza activa del viento y la resistente del agua pueden combinarse para obtener dirección; pero cuando se dispone tan sólo de una fuerza, como en el caso del padre Lana, se está, fatalmente, á merced de esa fuerza.

Sin embargo de tan graves errores, este proyecto se anticipa en más de dos siglos á muchas ideas de actualidad, como son: la de la pesantez del aire, la del enunciado general del principio de Arquímedes, la del uso del lastre y la del empleo del ancla. Si á primera vista el artificio volador de Lana muéstrase como un engendro estrafalario, el caudal científico que representa da gran relieve á su autor, si se tiene presente la precaria existencia que arrastraban entonces los medios de propaganda y nivelación intelectual que hoy divulgan los conocimientos.

APLICACIONES MILITARES IMAGINADAS POR EL INVENTOR.—Al claro entendimiento del padre Lana no escaparon los importantes servicios que al organismo bélico podía prestar la navegación aérea. Decía que desde su nave podrían arrojarse ingenios destructores sobre las plazas enemigas, y atribuía trascendencia tan grande á este instrumento, que fiaba en su poder aniquilador para retardar ó impedir las luchas armadas.

La aureola del siglo XVIII.

Los predecesores.—El siglo XVIII está caracterizado por la creación definitiva de todas las ciencias. Florecientes ya en el anterior la Astronomía, la Mecánica, las Matemáticas, la Física y la Fisiología, surgen en este la Botánica, ordenada por Linneo; la Mineralogía y Zoología, sistematizadas por Cuvier; la Geología y Paleontología, creadas por este sabio naturalista; la Economía, establecida por Adam Smith; la Mecánica celeste, fundada por Laplace; la Lingüística, introducida por Sacy; la Electricidad dinámica, descubierta por Volta; la Mecánica del vapor, enriquecida por Wat, y la Química, constituída en ciencia por los eminentes trabajos de Black, Cavendish y Lavoisier.

Este siglo debía señalarse brillantemente en los fastos de la aerostación, porque abonado el campo y sembrada la semilla, el fruto no podía tardar en aparecer. El globo aéreo recibió el soplo de vida el día en que Cavendish demostró que el hidrógeno es más ligero que el aire (1765). Pero en este mismo siglo, y aun en vísperas de que la verdad resplandeciera, el error debía manifestarse con toda su ceguedad.

LA LEYENDA DE GUZMÁN Y LAS ABERRACIONES DE GALIEN.—Buscando predecesores á Montgolfier, se ha vertido la especie de que en los primeros años del siglo XVIII, un fraile de Río-Janeiro, llamado Lorenzo Guzmán, practicó una ascensión en dicho punto, según unos, y en Lisboa, según otras referencias; pero no existiendo datos precisos ni relaciones puntuales del hecho, debe ser éste acogido como un producto de la fantasía popular.

En 1735 publicó el Padre Galien un libro intitulado *Arte de navegar por el aire*, que contiene un proyecto de navegación aérea tan colosal como extravagante: imaginaba globos de tela calafateada, que debían llenarse con aire enrarecido tomado de las altas montañas, absurdo que demuestra la ignorancia del autor, porque aparte de las dificultades materiales de la operación, el aire recogido iría aumentando su densidad á medida que se aproximara al llano.

EMPLEO DEL HIDRÓGENO EN VEJIGAS.—El italiano Tiberio Cavallo, recogiendo de Black la idea de que merced á la ligereza del hidrógeno podrían construirse flotadores para mantenerse en el aire, llenó con aquel gas algunas vejigas y realizó experimentos que no dieron resultado favorable, porque siendo las vejigas muy permeables, el gas se escapaba fácilmente.

El globo aéreo.—Los hermanos Montgolfier.—El ensayo de Cavallo representa ya en esencia el globo aéreo; pero de la concepción de una idea á su realización completa, media un océano de dificultades que sólo pueden sortearse dando bordadas fatigosas. Esto es lo que demuestra la serie perfectible de ensayos que precedieron al henchimiento del primer globo.

PRIMERAS TENTATIVAS.—Reflexionando los hermanos Montgolfier acerca de la ascensión de los vapores que se reunen para formar las nubes, entrevieron la posibilidad de imitar á la Naturaleza, aprisionando en una envoltura cierta cantidad de vapor de agua, que, formando nube ficticia, permitiera la ascensión por los aires. Claro es que al condensarse el vapor, humedecíanse las paredes de la envuelta; ésta se hacía más pesada y perdía condiciones de flotabilidad. Creyeron asegurarlas empleando el humo; pero como éste no es otra cosa que aire caliente, oscurecido por los productos de una combustión imperfecta, enfriábase al llegar al globo y éste no adquiría la necesaria fuerza ascensional.

EL 5 DE JUNIO DE 1783.—Pensando que la electricidad era la causa que sostenía las nubes en la atmósfera, se les ocurrió la idea de producir un gas ó *aire eléctrico* mediante la combustión de una mezcla de lana y paja mojada, que, resultando más ligero que el aire atmosférico, fuera capaz de remontar el globo á la atmósfera, conforme al principio de Arquímedes. Puesta en práctica esta idea, elevóse al aire libre por vez primera el globo aerostático en Aunonay, á 5 de Junio de 1783, fecha memorable en la historia de la aerostación.

El éxito más lisonjero coronó la perseverancia de los hermanos Montgolfier; pero sin pretender empañar la gloria que la posteridad ha tributado á la iniciativa de estos meritísimos peones de la ciencia, cabe señalar el error en que se hallaban respecto á su pretendido gas de pro-piedades eléctricas. Este no era más que aire caliente, y como tal, obraba enrareciendo el del interior del globo, según demostró Saussure, lanzando uno cuyo interior había calentado con una barra enrojecida.

El hidrógeno al servicio de la aerostación.—La inmensa resonancia que tuvo el acontecimiento de Annonay, celebrado para su mayor so-lemnidad ante una corporación oficial, avivó la curiosidad pública, fijan-do profundamente la atención de los sabios. El gas hidrógeno, descu-bierto poco antes por Cavendish, apenas se había ensayado en los labo-ratorios, cuando el revuelo producido por aquel suceso atrajo hacia dicho gas las investigaciones de los aeronautas en cierne.

PRIMER GLOBO AL HIDRÓGENO.—El físico Charles, entregóse con ardor á estudiar la manera de henchir un globo por medio del hidróge-no. Merced á los auxilios de una suscripción popular, y venciendo las dificultades que se oponían á la producción en gran escala de un gas apenas conocido, derrochando kilogramos de hierro y ácido sulfúrico, y recubriendo con un barníz al caucho el tafetán de la envuelta para evitar las fugas que constantemente se producían, vió al fin henchido su *Globo,* cuyas amarras se soltaron en París el 27 de Agosto de 1783, tres meses después del famoso experimento de Annonay.

El globo tripulado.—La perspectiva del *Globo* elevado desde el cam-po de Marte, había sugerido ya la idea de fantásticos y expléndidos via-jes por el espacio; pero el temor de lo desconocido inclinó á las autori-dades á impedir por el pronto las ascensiones tripuladas. El impulso, sin embargo, estaba dado, y el anhelo de volar por los aires no podía reprimirse muchos días.

PRIMER VIAJE AÉREO.—Los hermanos Montgolfier recibieron de la Academia de Ciencias el encargo de construir un globo des-tinado á elevarse en Versalles á presencia de los soberanos. Esteban Mongolfier puso manos á la obra, y terminado en muy pocos días é in-flado con aire caliente, se decidió embarcar en él una jaula conteniendo tres animales: un carnero, un pavo y un ánade. El 19 de Septiembre del mismo año se verificó esta ascensión; el globo cayó suavemente y aquellos seres vivos no sufrieron daño alguno.

El 21 de Noviembre del año repetido, dos hombres de corazón, Pilatre de Rozier y el mayor D'Arlandes, emprendieron desde París el primer viaje aéreo en un globo lleno de aire caliente. Los aeronautas alimentaban en la parte inferior del globo una hoguera de paja mojada para conservar el enrarecimiento del aire.

Finalmente, pocos días después, el 1.º de Diciembre, Charles y Robert se elevaban en un globo inflado de hidrógeno, desde el Jardín de las Tullerías.

III

HISTORIA DEL GLOBO MILITAR—NOMENCLATURA

Las campañas del aerostato.—Prefacio de las aplicaciones militares.—El globo en las guerras de la Revolución.—Primer parque aerostático.—Maubeuge,
Charleroi, Fleurús.—El Consulado y el Imperio.—Conquista de Argel; guerras de Italia. · Decenio de 1860-70: guerras de Secesión y del Paraguay.—
Guerra franco·alemana.—Guerras en Asia y en Africa: campaña del Tonkin;
la Inglaterra en sus guerras coloniales.—Otras funciones bélicas.—El globo en
las grandes maniobras.
Descripción del globo esférico.—Tecnología: envolvente, válvula, apéndice, red,
círculo de suspensión, barquilla, aparatos de maniobra, instrumentos náutico-
aéreos.—Banda de desgarre.—Condiciones que debe reunir la envolvente: impermeabilidad, resistencia y ligereza.

Las campañas del aerostato.

Prefacio de las aplicaciones militares.—El empleo del globo en la
guerra fué la primera y acaso la única aplicación que imaginaron los
soñadores de máquinas voladoras, como si el espíritu polémico encen-
diera la llama del genio en la mente de los inventores, para crear esos
elementos maravillosos que impulsan á la humanidad por el camino del
progreso. Véase por qué el padre Lana prenuncia el terrible poder destructor de su artificio nonato; el religioso Galien propone bajeles aéreos preñados de cañones, y el fraile Guzmán discurre un sistema de
transportes alados entre las plazas de guerra.

Elevado ya el Montgolfier, y antes de realizarse el primer viaje
libre, señalaron los aeronautas el importante papel del globo en las batallas. En Octubre de 1783, el intrépido Rozier hizo varias ascensiones
cautivas antes de abandonarse á los aires, y Girond de Villette que le
acompañaba, escribió después sus impresiones diciendo que, al descubrir desde el globo la ciudad de París y sus pueblos vecinos, adquirió la

M   3 convicción de que aquella máquina, tan poco dispendiosa, podía ser utilísima para un Ejército, á cuyo General permitiría conocer la posición del enemigo, sus maniobras, marchas y disposiciones, que á la vez serían comunicadas desde la misma máquina por medio de señales á las tropas amigas ó aliadas.

El sabio General Meusnier, comprendiendo todo el partido que podría sacarse de este instrumento en las operaciones de campaña, redactó una notable Memoria (presentada á la Academia de Ciencias de París en 1784), en la cual estudiaba el alcance militar del nuevo invento y proponía los medios de utilizarlo como elemento de exploración.

El globo en las guerras de la Revolución.—Los graves sucesos que afligían á la joven República en el interior, y el espectáculo de toda la Europa precipitándose sobre la Francia, explican el interés con que el Comité de Salvación pública acogió la idea de utilizar los globos como un anteojo asestado contra los irruptores del suelo nacional. Con este propósito puso á contribución la riqueza de las inteligencias. Guyton de Morveau propuso introducir el servicio aerostático en el Ejército, lo que se llevó desde luego á la práctica, sin otra restricción que la de no emplear el ácido sulfúrico para obtener el hidrógeno, en virtud de necesitarse el azufre para fabricar la pólvora. Entonces se pensó en seguir el método de Lavoisier, por la descomposición del agua; pero el procedimiento usado en los laboratorios no podía dar la enorme cantidad de gas que se necesitaba para inflar los globos, primera dificultad con que se tropezó, y que supieron vencer Coutelle y Conté, sometiendo el hierro enrojecido á una corriente de vapor de agua. Obtenido así el hidrógeno en gran escala, y preparado por Coutelle un excelente barniz para impermeabilizar la envuelta del globo, quedó éste habilitado para su empleo al frente de los Ejércitos.

PRIMER PARQUE AEROSTÁTICO.—En 1794 se adoptó en Francia el servicio aerostático militar, creándose al efecto dos compañías de *aeronautas*, una para el Ejército del Rhin y otra para los del Sambre y Meuse, cuya organización se completó con la del Parque de Chalais Meudon. Los globos utilizados eran retenidos por medio de cables de unos 500 metros de longitud; cada soldado se encargaba de una cuerda que debía acortar ó alargar, según las señales ejecutadas por el Capitán situado en la navecilla, el cual agitaba banderolas de diferentes colores para transmitir sus órdenes.

MAUBEUGE-CHARLEROI-FLEURÚS.—En la defensa de la primera de estas plazas realizó Coutelle algunas ascensiones cautivas para descubrir la posición del enemigo, el cual disparó varias veces contra el globo, aunque sin resultado. En los sitios de Charleroi y Maguncia, practicáronse también ascensiones cautivas, y no poco contribuyeron éstas á la victoria de Fleurús. En aquellas campañas los globos eran trasladados, henchidos, á fuerza de brazos, dividiéndose los soldados que sujetaban las cuerdas á uno y otro lado del camino.

El Consulado y el Imperio.—A partir de las guerras de la Revolución, el globo aéreo entra en un período de decadencia. Su empleo, aunque útil, resultaba muy difícil por la penosa necesidad de las maniobras á brazo, y de otro lado, los éxitos de las armas francesas habían alejado ya el peligro, demostrando que para vencer no se necesitaban otros elementos que la pasión de la masa, el impulso de la bayoneta y el genio del caudillo. Se abandonó, pues, la nueva invención, y aunque lleváronse aparatos á la campaña de Egipto, los transportes cayeron en poder de los ingleses y el globo no pudo ser empleado. Napoleón se mostró muy poco afecto á este adelanto, tal vez por que, celoso de su propio genio, quería dejarle por entero la gloria de sus triunfos. A su regreso de Egipto puso en venta el globo de Fleurús y disolvió las compañías de aeronautas, así como el Parque de Chalais Meudon, quedando este servicio completamente relegado al olvido, hasta que en 1815, el famoso Carnot, sabio ingeniero militar, encargado de la defensa de Amberes, utilizó el globo aéreo en la práctica de los reconocimientos militares.

Conquista de Argel.—Guerras de Italia.—Al emprenderse la expedición de Argelia, el aeronauta Morgat formó parte de ella, pero el globo no llegó á utilizarse, debido tal vez á la índole particular de aquella guerra.

En el año 1849 los austriacos lo emplearon delante de Venecia. Elevaban bombas por medio de globos pequeños, pero con tan mala fortuna, que casi siempre los repelía el viento hacia el campo sitiador.

En 1854 se hizo en Vincennes la prueba, sin buen resultado, de un globo cautivo, desde el cual se despedían proyectiles sobre un punto determinado.

Con algún provecho fueron empleados por los franceses en la campaña de Italia en 1859. Delante de Peschiera, y en la víspera de la batalla de Solferino, se practicaron reconocimientos con el globo cautivo.

Decenio de 1860-70.—En las guerras de nuestro tiempo, el globo ha jugado de día en día un papel más activo. Al estallar en 1861 la lucha entre sudistas y nordistas, el pueblo norte-americano, con alardes de vigoroso impulso industrial, extremó todos los medios de combate. Era, pues, lógico que la aerostación recibiera el soplo estimulante de una sociedad eminentemente progresiva. Las ascensiones fueron numerosas en aquella guerra, y el General Mac-Clellan supo utilizarlas con tanto más provecho, cuanto que á las ventajas del observatorio aéreo se asociaron las de la fotografía y telegrafía, nuevo elemento de comunicación, este último, usado ya en la guerra de Italia en 1859.

Después de referir los ensayos del General austriaco de Gablenz y las experiencias de los ingleses en Aldershot por los años 63 y 64, el sabio conferenciante hace notar el empleo del globo cautivo en la guerra del Brasil contra el Paragnay (1867), merced á cuyo empleo pudieron ser estudiadas las fortificaciones de Paso Poen y las posiciones de los paraguayos.

Guerra franco-germana.—En esta lucha, la más ejemplar de las guerras contemporáneas, el globo aéreo desempeñó un brillante papel, no obstante la falta de preparación para este servicio de que adolecían los beligerantes. En los aciagos días del sitio de París, y bajo la presión de las circunstancias, se organizaron precipitadamente algunos viajes aéreos. Los datos que siguen dan una idea de los grandes beneficios que habría reportado la aerostación militar si una inteligencia previsora hubiera cuidadosamente organizado este servicio durante la paz.

Partieron de París en los cinco meses de sitio:

64 globos, con capacidades comprendidas entre 1.000 y 2.000 m.^{3} Alguno de ellos, el de Fonvielle, *La Liberté*, medía 10.000 m^3.

Condujeron 64 aeronautas, 88 pasajeros, algunos cientos de palomos mensajeras, y 10.000 kilogramos de correspondencia (cuatro millones de cartas).

De los 64 globos, dos se perdieron en los mares del Norte; cinco fueron capturados por el enemigo; cuatro perdieron los despachos y la correspondencia, y 53 cumplieron su cometido.

Guerras en Asia y en Africa.—El furor de expansión colonial ha llevado los ejércitos europeos á la dominación de esos vastos territorios, y no obstante la inferioridad primitiva del enemigo que los defiende, las tropas expedicionarias han creido necesario llevar consigo el parque aerostático como elemento complementario é inseparable de su fuerza destructora.

CAMPAÑAS DEL TONKÍN.—Durante la lucha sostenida por los franceses con los *Pabellones Negros* de la Indo-China (1882-85), el globo aéreo prestó excelentes servicios en la acción de Back-Ninh (Marzo de 1882), en la jornada de Hong-Koa (Marzo de 1884) y en el bombardeo de esta misma ciudad.

LA INGLATERRA EN SUS GUERRAS COLONIALES.—En 1885 movilizaron los ingleses sus parques aerostáticos, de los cuales han hecho uso en todas sus contiendas coloniales. El Sudán y el Afghanistan, el Egipto y el Africa austral, han proporcionado al globo militar ocasiones repetidas de aplicación provechosa.

El duelo terrible cuyos asaltos aún se repiten en el Transvaal, es un ejemplo de la importancia concedida hoy á este poderoso instrumento de observación; él ha presenciado las escenas de Ladysmith, Spion-Kop, Modder-River, Kimberley, Maffeking, Paardeberg... y él ha seguido al Ejército en todos los accidentes de su marcha á Pretoria.

Otras funciones de guerra.—El servicio aerostático ha entrado definitivamente en la constitución orgánico-militar de todas las naciones cultas, y así lo demuestran las operaciones de guerra emprendidas en estos últimos años, como son las de los italianos en Abisinia, las de Norte-América en Santiago de Cuba y la reciente expedición de los Cuerpos aliados en China.

Los globos en las grandes maniobras.—El indiscutible valor práctico de estos aparatos, corre parejas con la dificultad de su manejo, dificultad que no puede allanarse más que á favor de prolijos ensayos, repetidas experiencias y una sostenida educación técnica que dé á las secciones de aerosteros la pericia necesaria para el ejercicio de su delicado cometido. Por tales causas no sólo se realizan ascensiones de instrucción y se trabaja sin reposo en la mejora de los parques aerostáticos, sino que se movilizan éstos para su empleo formal en todas las grandes maniobras.

Así lo han hecho los rusos en Narva (1890); los franceses en los años 1886 y 1891; los alemanes en 1894 y siguientes; el Austria, desde las maniobras de Bohemia en 1895 hasta las últimas de Praga, y finalmente, durante las verificadas en Francia en el año que acaba de expirar, se ha visto á la aerostación en concierto con los demás servicios.

Descripción del globo esférico.

Tecnología.—Después de recorrer la historia militar del globo esférico, entra en la descripción general de los distintos elementos que lo componen.

ENVOLVENTE.—Constituída por una tela de forma próximamente esférica, destinada á contener un cuerpo más ligero que el aire, para dar al aparato las necesarias condiciones de flotabilidad. Está compuesta de varias tiras fusiformes, llamadas *husos*, cosidas ó pegadas entre sí convenientemente, y cuyas líneas de unión constituyen los *meridianos*.

VÁLVULA.—Orificio taponado en la parte superior de la envolvente, el cual puede entreabrirse á voluntad del aeronauta para dar paso al gas interior cuando la necesidad de bajar lo aconseje.

APÉNDICE.—Prolongación estrecha en la parte inferior de la envolvente, con una boca de salida para prevenir los efectos de la dilatación del gas.

RED.—Tejido de cuerda, formado por grandes mallas que rodean el globo propiamente dicho, reparten las presiones, refuerzan la envolvente y sirve además para suspender la nave donde va el aeronauta. Con este objeto termina en las *cuerdas de suspensión*, que arrancan de la *corona inferior de patas de ganso*.

CÍRCULO DE SUSPENSIÓN.—Fuerte aro donde por medio de *amantillos ó cazaletes* se atan las cuerdas terminales de la red, y del cual pende la

BARQUILLA.—Alojamiento donde se coloca el viajero; está formado por un tejido de mimbre, y sirve también para contener los diversos efectos que necesita el aeronauta.

APARATOS DE MANIOBRA.—Se rigen en su mayor parte desde la barquilla, y como su nombre genérico indica, sirven para facilitar la inflación, la elevación, el descenso y el aterraje. Los principales efectos que responden á estos fines, son: el *ancla*, que pende del *círculo de suspensión*, va sujeta al extremo de una larga cuerda y sirve para tomar tierra; el *guide-rope*, cable de gran longitud que cuelga de la barquilla y se utiliza, ya sea para refrenar la marcha del globo en los descensos, ya para regular automáticamente su fuerza ascensional en la navegación de pequeña altura; el *cable de retención* que sirve para efectuar la de los globos cautivos, mediante su atadura en las *barras de trapecio*, entre las cuales quedan el círculo de suspensión y la barquilla; las *cuerdas de ecuador*, que á modo de fleco cuelgan de la corona de patas de ganso que circunda el globo por su círculo ecuatorial, y son necesarias en las maniobras á brazo que se ejecutan con el globo en tierra; finalmente, los *sacos de lastre* y el *cordaje*, necesarios para regir á bordo la marcha del aerostato.

INSTRUMENTOS NÁUTICO-AÉREOS.—Constituyen el equipo técnico; comprende los aparatos y enseres indispensables para practicar observaciones, conocer la presión atmosférica, la fuerza y dirección del viento, el sentido de la marcha, la temperatura, etc.

BANDA DE DESGARRE.—Esta nueva conquista de la ciencia aerostática constituye un elemento de seguridad que permite deshinchar el globo y tocar tierra en un momento dado, poniendo á salvo la vida del tripulante, y reemplazando así, en circunstancias especiales, al antiguo *para-caídas*. Con este objeto se deja sin coser en el hemisferio superior de la envolvente una porción de huso esférico, abrochándola y pegándola al resto de la tela de tal suerte que, tirando de un ramal, pueda ser desprendida por el esfuerzo del aeronauta cuando, al verse en peligro á corta distancia del suelo, quiera descender suavemente. Separada la banda de desgarre, queda un boquete abierto por donde escapa el gas en cantidad mucho mayor que la que dejaría pasar la válvula de maniobra y el globo se vacía rápidamente, pero como la pérdida de fuerza ascensional no es brusca, da tiempo á tocar tierra con velocidad moderada si se ha sabido usar oportunamente de este recurso.

Condiciones que ha de reunir la envolvente.—Esta es, sin duda, la parte más importante del globo, toda vez que asegura su flotabilidad, procurando la necesaria fuerza ascensional. Para que ésta se halle garantida es preciso que la envolvente cumpla con los siguientes requisitos:

1.º IMPERMEABILIDAD.—Es acaso la cualidad más preciosa. Merced á ella se conserva el gas encerrado, se evitan las fugas de éste y crecen los factores de seguridad y economía. Basta el simple enunciado de esta condición para reconocer que, por muy señalada que sea en lo tocante á los globos en general, lo es mucho más por lo que se contrae á los militares, no tanto por el ahorro de gas como por el elevado interés de mantener el globo henchido durante el máximo tiempo posible, á fin de evitar la frecuencia de cargas y recargas, siempre dilatorias y prolijas.

2.º RESISTENCIA.—Para comprender en toda su extensión la importancia de este requisito, precisa tener en cuenta las diversas fuerzas que actúan de continuo sobre la envolvente. La acción del viento es más grande de lo que parece á primera vista, en razón de la mucha superficie sobre que se ejerce; el peso de la red, sumado al de la barquilla, gravita sobre la envolvente, cuyos movimientos provocar fuertes rozaduras entre las mallas y la tela; en fin, la tensión interino, actuando siempre y variando á cada instante, por las contracciones y dilataciones del gas, producen violentas sacudidas que hacen de la resistencia una condición de primera necesidad. Si á esto se agrega la influencia destructora de los cambios bruscos de temperatura, la del granizo, de la lluvia y otros agentes eventuales atmosféricos, se tendrá una idea del valor positivo que la expresada condición alcanza.

Al llegar á este punto, el conferenciante demuestra, con recursos de la mecánica, que la tensión interior es proporcional al radio del globo; hace ver cómo creciendo sus dimensiones podríase llegar á la rotura de la envuelta, y señala el error de algunos constructores que han cifrado en el aumento del tamaño los progresos de la navegación aérea.

3.º LIGEREZA.—Si la fuerza ascensional es tanto mayor cuanto menor es, en igualdad de condiciones, el peso del globo, claro está que el de la envolvente debe ser lo menor posible para que dicha fuerza resulte favorecida. Importa, pues, esta condición á la aeronáutica general; pero desde el punto de vista militar ofrece aún mayor grado de interés, por la necesidad de reducir al mínimo los pesos y dimensiones del material de guerra. La ligereza de la envolvente facilita el transporte y las maniobras en tierra.

IV

(Resumen de la cuarta conferencia. —7 Febrero 1902 —Proyectáronse 14 fotografías.)

LA ENVOLVENTE DE LOS GLOBOS

Envolventes no metálicas. —Importancia de las envolventes.—Telas: condiciones generales.—Fraudes en la fabricación de los tejidos.—Impermeabilidad de las telas.—Resistencia.—Clases de tejidos que se pueden emplear en aeronáutica.—Sedas ordinaria y de la China. - Lino.—Algodón.—Ramio.—Tripa de buey.—Caucho. - Papel.—Modos de hacer impermeables los tejidos.—Métodos del barnizado, de la metalización y del caucho interpuesto.—Construcción de la envolvente.—Método de los husos. —Globos de película.—Globos de varias formas.—Barnizado y cosido. —Datos acerca de las envolventes. **Envolventes metálicas.**—Su proceso.—Estado actual de la cuestión. —Los nuevos metales. —Porvenir de estas envolventes.

Envolventes no metálicas.

Importancia de la envolvente.—Si ésta constituye la parte del globo aéreo que asegura la flotabilidad, claro es que en sus cualidades estriban las del globo mismo, y en tal concepto, el sabio profesor compara la importancia de este elemento á la que tiene la *obra viva* en las construcciones navales. De la bondad de la envolvente dependen, no tan sólo la sustentación del globo, sino también la vida de sus tripulantes. La necrología de los viajes aéreos enseña, con lamentable reiteración, los peligros de lanzarse al espacio sin aquellas indispensables condiciones de seguridad que ponen la envolvente al abrigo de roturas tan probables como imposibles de reparar en marcha, y que, por tanto, han de ser fatalmente seguidas del desastre.

Buscando siempre la más completa satisfacción de las tres condiciones enunciadas en la última conferencia, se han ensayado en aeronáutica mulfitud de materias, tomándolas indistintamente en los tres reinos que ofrece la Naturaleza. Las más empleadas hasta el día en la construcción de la envolvente son: las telas, los metales, la película de tripa de buey, el ramio, el caucho y el papel.

Telas: condiciones generales.—Resumiendo cuanto acerca de este punto explicó el ilustre conferenciante, diremos que, sean cualesquiera las telas destinadas á la confección de la envuelta, su tejido debe estar formado por hilos apretados é iguales, de trama y urdimbre uniformes en toda la extensión de la tela, sin blanqueo ni apresto, ni tintes que por su preparación química pudieran constituir una causa de alteración bajo la influencia de los diversos agentes naturales, y por último, debe ofrecer fácil adherencia al barniz con que se impermeabiliza la envolvente.

Fraudes en la fabricación de los tejidos.—Para conocer la pureza de las materias y prevenirse contra posibles falsificaciones, existen diversos procedimientos, en cuyo examen detallado entra el profesor. La seda es á menudo entremezclada con hilo y algodón, fraude que se denuncia por la potasa cáustica, cuya disolución hirviente disuelve la seda en su totalidad. La presencia de la lana se descubre con el microscópico por la textura laminar que la caracteriza. Tratado el tejido por una solución cupro-amónica, pierde á los treinta minutos todo el algodón; á las veinticuatro horas se disuelve la seda y queda la lana.

Impermeabilidad de las telas.—Por muy tupidas que éstas sean, no pueden ofrecer por sí mismas un grado conveniente de impermeabilidad; para conseguir esta condición precisa recurrir á los barnices. De aquí la importancia de que las telas tengan aptitud para ser barnizadas, aptitud que se mide por la cantidad de barniz que son capaces de absorber y el grado de estanco alcanzado en condiciones determinadas. La impermeabilidad se comprueba mediante un aparato en el cual la porción de tela barnizada que se ensaya está sometida por una de sus caras á la acción del hidrógeno, inyectado con cierta presión; el gas que atraviesa la tela se deja ver por las burbujas formadas en la masa de agua que baña la cara opuesta.

Resistencia.—Explica el maestro con toda latitud las distintas circunstancias que cualifican esta importantísima condición. Razona cómo la resistencia de las telas está relacionada con su ancho, y por qué la necesaria ligereza de la envolvente impone la precisión de referir las resistencias á los pesos. Con imágenes materiales y una claridad verdaderamente meridiana, enseña lo que es *longitud de fractura, carga de fractura* en kilogramos y resistencia á la tracción ejercida sobre las telas. Describe seguidamente los dinamómetros, que sirven para verificar dichas pruebas de resistencia, y da á conocer los mecanismos de esta clase con que cuenta el Laboratorio de Ingenieros del Ejército.

Clases de tejidos que se pueden emplear en aeronáutica.—Estúdialos con prolijidad, siguiendo el orden que apuntamos á continuación:

SEDA ORDINARIA.—Fabricada con el pelo elaborado por el gusano de la morera. La finura del hilo se calibra por el título de Milán ó por el de Lyon, que determinan el número de las hebras que deben entrar por unidad determinada de tela.

Puede usarse también el *tafetán*, que se distingue por lo fino y apretado de su tejido. Pesa tan sólo de 50 á 69 gramos por m.², y su resistencia es de unos 12 kilogramos por centímetro.

La tenacidad y la elasticidad, tan necesarias á la envuelta, reúnelas la seda mejor que otros tejidos, como demuestra la siguiente comparación:

	Elasticidad.	Tenacidad.
Seda	I	I
Borra de ídem	0,44	0,458
Algodón	0,177	0,295
Lino y cáñamo	0,086	0,415

Estas cualidades son interesantes, porque dan á la tela la facultad de aceptar dobles curvaturas; permiten asimismo un gran alargamiento, siendo de $^1/_5$ á $^1/_8$ el de la seda.

SEDA DE LA CHINA.—Es la elaborada con la secreción del gusano alimentado por la hoja del roble. Como los asiáticos hacen á mano este tejido, su extructura carece de la regularidad que presentan las urdimbres mecánicas. Esto, no obstante, reune buenas condiciones, que son:

Peso por m².	80 gramos.
Carga de fractura por centímetro.	9,60 kilogramos.
Id. después de barnizada	8 »
Precio por m².	3,05 pesetas.

Añadiremos que toma bien el barniz, se hace impermeable y tiene gran flexibilidad. Su condición característica y más recomendable es la de resistir mejor que cualquiera otra tela á la acción oxidante de los barnices preparados con aceite de linaza.

LINO.—Las telas hiladas con las fibras de esta planta, merecen ocupar el segundo término entre las empleadas en aeronáutica. Para este objeto, es preferible el lino blanco, del que se fabrican dos clases: el más fino (batista francesa) y el más fuerte (de Constanza), llamado de Ho anda, que pesa 125 gramos por m², tiene una longitud de fractura de 8.000 metros, resiste 10 kilogramos por centímetro y cuesta de dos á tres pesetas por m².

ALGODÓN.—El mejor es el procedente de los cultivos y filaturas de Georgia. Para envueltas de los globos úsanse con preferencia los tejidos simples llamados de Muselina. En el orden de ligereza figuran sucesivamente el calicot, el percal y el madapolán, que pesan 100, 120 y 167 gramos respectivamente. La longitud media de fractura es 6.000 metros y su precio fluctúa entre 1 y 1,5 pesetas por m².

RAMIO (seda vegetal).—La industria textil ha encontrado en esta urticácea una primera materia de excelentes condiciones para la fabricación de cuerdas y toda clase de tejidos que hayan de estar expuestos á la intemperie. Las pruebas mecánicas han demostrado la superioridad de la hilaza de esta planta sobre la de todas las demás, excepto la seda, como puede verse á continuación:

Materia.	Resistencia.
Algodón	1
Cáñamo	1,3
Ramio	1,5
Seda	1,8 á 1,95

Para las aplicaciones aeronáuticas el mejor ramio es el blanco.

Tripa de buey *(baudruche)*.—Así llamada porque procede de los intestinos de este animal. Pretenden algunos que esta película constituye por excelencia la materia de que debe formarse toda envolvente; es cierto que abundan razones en favor de la *baudruche*, como son: la ligereza y la impermeabilidad que posee en alto grado, pero en cambio, adolece de tales inconvenientes, que ante ellos no puede suscribirse la opinión harto radical de los ingleses, que no se avienen á reconocer otra materia para sus globos que la sacada de aquel rumiante. Para formar juicio de las dificultades anejas al empleo de este material, bastará saber que se le prepara en trozos de 0^m, $90 \times 0^m, 27$, y que se necesitan más de 35.000 para un globo de 290 m². Por otra parte, las envueltas de esta clase pierden pronto su flexibilidad, se hacen quebradizas y tienden á descomponerse por los defectos propios de su naturaleza orgánica.

Empléase yuxtaponiendo y encolando varios trozos de película, préviamente moldeados para que afecten la forma esférica. Véanse algunas características:

Peso de la película (por m.²) en 2 capas sencillas					30 gramos.
Idem	íd.	en 5	íd.		118 —
Idem	íd.	en 6	íd		135 —
Idem	íd.	en 8	íd.		220 —
Resistencia á la fractura por cm					10 kilogramos.

Caucho.—Concurren en esta materia, convenientemente preparada por la industria, circunstancias que la hacen muy apta para constituir envolventes, distingiéndose sobre todo por su gran elasticidad, lo que justifica el nombre de *goma elástica* que se le da también.

La importancia del caucho mueve al conferenciante á reseñar el origen, la extracción, las propiedades, los ensayos y la transformación industrial de esta sustancia.

Diremos aquí tan sólo, que se la obtiene sangrando el tronco de gran número de plantas que abundan en distintas regiones de la tierra; el jugo colectado es de aspecto lechoso y gran viscosidad; por desecación pierde su parte acuosa y deja cortarse á tiras ó placas traslúcidas que se tornan opacas al estirarse, se sueldan fácilmente por simple presión, endurecen con el frío sin grietearse, se funden á 180° y vuelven al estado sólido por enfriamiento. Mezclado el caucho con la esencia de trementina, resultan pastas que se emplean para hacer disoluciones con el objeto de preparar telas impermeables. Haciendo pasar las tiras entre los rodillos calientes del laminador, obtiénense hojas muy delgadas de excelente aplicación en aeronáutica. El petróleo purificado, el cloroformo, el sulfuro de carbono, la bencina y otros disolventes, dan medios para reconocer la pureza del caucho. Con el objeto de evitar que se endurezca por una baja temperatura y se ablandé á los 30°, se le *vulcani-*

za, operación que consiste en hacerle absorber azufre á temperatura un tanto elevada.

Papel.—Es materia muy empleada también en la construcción de la envuelta, merced á sus especiales condiciones de ligereza é impremeabilidad, bien que no goce de gran resistencia, lo cual circunscribe su empleo á la construcción de *globos sondas*, cuya capacidad es tan sólo de 60 á 113 m.³, la suficiente para poder remontar á elevadas regiones d2 la atmósfera una pequeña colección de aparatos registradores que graban las indicaciones y son de gran interés para la Física y la Meteorología. Con estos globos se han alcanzado alturas de 20.000 metros y registrado temperaturas de 72° bajo cero.

No todas las clases de papel pueden servir á este objeto; dáse la preferencia al del Japón que resiste muy bien á todo pliegue y estrujadura. Mejórase su natural impermeabilidad con impregnaciones de petróleo, aceite de linaza ó parafina. Las juntas se refuerzan con tiras de seda. Su resistencia es de 10 kilogramos por centímetro.

Modos de hacer impermeables los tejidos.—Como esta cualidad no la poseen las telas en grado conveniente, precisa comunicársela, y esto se consigue de tres modos: por el barnizado, la metalización y la interposición de una hoja de caucho entre dos telas.

a) BARNIZADO.—Es uno de los medios más usados para impermeabilizar los tejidos. El barníz debe ser ligero para evitar peso, suave para no restar flexibilidad á la envolvente, poco secante para que no resulte quebradizo, neutro á la tela para no quitarle resistencia, unido para que obture satisfactoriamente, y aneléctrico para que los roces de la tela sobre sí misma ó con la red no engendren peligrosas cargas de electricidad. Además de su función obturadora, el barníz cumple otras no menos importantes, cuales son las de alisar las superficies para disminuir resistencias á la marcha, y reflejar los rayos del sol para sustraer el globo á las bruscas variaciones termométricas.

Multitud de recetas se han dado para la preparación de barnices, pero no son los ingredientes los que aseguran su bondad, sino el esmero con que se practica el barnizado. El caucho y el aceite de linaza nos las sustancias que forman la base de casi todos estos barnices. Véanse algunas composiciones.

Barníz Arnoul.—1.°, Aceite de linaza, litargirio y tierra de sombra (solución mantenida á 200° durante seis horas). 2.°, Aceite de linaza cocido á 260°, mezclado después con goma laca ó aceite de oliva. El barníz al aceite es ligero, barato y de aplicación fácil; ésta exige una ventilación incesantemente sostenida, porque la enérgica oxidación que se produce, durante la mano de obra, podría incendiar la tela ó comprometer su solidez.

Barníz al colodión.—Sus ingredientes son: colodión, alcohol y aceite de linaza disuelto en aguarrás. Es de un coste mayor que el precedente, pero en compensación permite reducir las untaduras.

Barníz al caucho.—Se toma el de *Pará*, que es el mejor, y disuelto en bencina constituye un buen barníz, flexible y elástico.

Con la misma base puede prepararse otro, incorporando aceite de linaza cocido y aguarrás, pero esta composición no es tan recomendable porque se electriza con facilidad.

Otras sustancias como el tanino, la gelatina, la glicerina, etc., suelen asociarse á la base.

Electrización de las telas.—La presencia del aguarrás en los barnices es causa de que las telas impregnadas con estos, redoblen su aptitud para electrizarse. A fin de poner á prueba el grado de esta aptitud se barniza un trozo de tela, se le frota después de seco, y sometido á su acción un electróscopo sensible, se reconoce la importancia de la carga eléctrica.

b) LÁMINA DE CAUCHO ENTRE DOS TELAS.—Este medio de impermeabilizar las envueltas, tiene al presente muchos defensores. La seda, el lino ó el algodón pueden servir para forrar la hoja de caucho. La fábrica de Hannover (Compañía continental de caucho y guttapercha) emplea telas de un metro de ancho, cuyas principales características son:

Algodón d : tejido sencillo (150 gr. de peso por m².) Resistencia....   4,40 kilog.
   Id.   íd.   doble.. (330   íd.   )   íd....... ..   11,00 kilog.
Seda amarilla de tejido doble..... ....   íd.. .. 10,00 kilog.

De cómo esta clase de envolventes satisface á la impermeabilidad pueden dar idea las cifras que siguen, representativas de la penetración del caucho por distintos gases.

Gases.	Tiempo.
Acido carbónico................	I
Hidrógeno.............	2,47
Oxígeno.............	5,316
Aire atmosférico..........	11,85
Azoe	13,585

c) METALIZACIÓN.—Este procedimiento consiste en cubrir los tejidos con una electro-deposición metálica, obtenida por los métodos gal-
vanoplásticos. Las telas así preparadas ofrecen menor adherencia que
las ordinarias á la lluvia y al vapor de agua de las nubes. Tienen además la ventaja de poseer mayor facilidad para la radiación.

La importante cuestión de la impermeabilidad hállase aún sin resolver. Los barnices no la garantizan y las telas cauchotadas se hacen quebradizas. El parque aerostático de Guadalajara busca hoy nuevas soluciones al problema.

Construcción de la envolvente.—No siendo desarrollable la superficie esférica, los principios de la teoría no pueden aportar á la construcción de los globos esféricos una exactitud matemática. Los métodos seguidos en la práctica dan, sin em bargo, aproximación satisfactoria.
Con lujo de diagramas y perspectivas explica el conferenciante los trazados geométricos y demás requisitos que informan la construcción, de
de todo lo cual no podemos dar más que un índice, ya que la falta de
figuras y la índole técnica del asunto nos vedan ese campo.

MÉTODO DE LOS HUSOS.—Consiste en trazar un cierto número de
husos iguales, variable con el diámetro del globo, de tal modo que unidos por sus bordes den la esfericidad apetecida. La plantilla de estos
husos se consigue determinando su contorno en función del radio del
globo y de otros elementos geométricos. Como las telas que se expenden
en el comercio tienen un ancho determinado, á él será preciso acomodar
el despiezo de los husos. El extremo de éstos, que corresponde á la válvula, como asimismo el del lado del apéndice, no pueden terminar en
punta, y se les recorta en consonancia con el objeto que deben cumplir;
como sobre la parte alta de la envolvente cargan los pesos, se refuerzan las porciones de huso destinadas al hemisferio superior.

La unión de los husos comprende dos operaciones: el pegado y el
cosido. El primero se hace con cola de muy buena calidad, extendida
sobre una sola tela en el margen que al efecto se dejó al hacer el despie-

20. El cosido se hace á máquina y á doble costura, empleando agujas muy finas con hebra fuerte y del grueso necesario para obturar los agujeros. Las clases de hilo que se usan son, por orden creciente de bondad, el algodón, el cáñamo, el ramio y la seda. Es preciso evitar encuentros en las uniones, bien que éstas sigan la dirección general de los paralelos y meridianos. Para estancar por completo las costuras, es frecuente pegar tiras cauchotadas por uno y otro lado de aquéllas.

GLOBOS DE PELÍCULA.—Preparadas, cortadas y superpuestas las películas de tripa de buey, después de moldeadas convenientemente para que tomen la convexidad necesaria, se unen los trozos por encoladura, con las precauciones conducentes á evitar la formación de puntos de encuentro en las uniones.

GLOBOS DE OTRAS FORMAS.—La construcción de la envolvente en los globos cilíndricos, cónicos y fusiformes, no puede obedecer, en cuanto á su trazado, á principios fijos comunes, dada la variedad de formas ideadas, más ó menos oblongas, simétricas ó disimétricas, con partes desarrollables y otras redondas, etc.; pero en lo relativo al pegado, cosido, barnizado y demás detalles de ejecución, siguen las reglas que informan la construcción de los esféricos.

BARNIZADO.—Es operación muy prolija y de la mayor importancia. Ejecútase con muñequilla, hecha de trozos iguales á la tela que se barniza. Procédese por capas muy ligeras, dadas sucesivamente á medida que se van secando las anteriores, y esto se hace alternativamente con las dos superficies, la exterior y la interior, para lo cual es preciso volver el globo del revés, pasándolo por el apéndice.

La elevación de temperatura que produce el barnizado, pone á la envuelta en peligro de inflamarse, lo que obliga á practicar esta operación en locales ámplios y enérgicamente ventilados. Las precauciones que deben tomarse á este propósito y la disposición de los talleres en que se ejecutan estas labores, ocuparon buena parte de la conferencia.

Datos acerca de las envolventes.—El cosido y el barnizado aumentan el peso de aquellas, por lo cual interesa conocer el de la unidad simple y compuesta en las distintas clases de tela.

Seda no barnizada.	66 gramos por m²	
Idem de la China no barnizada.	99 íd.	íd.
Idem con cuatro capas de barníz al óleo. . . .	200 íd.	íd.
Percal doble con barníz al caucho.	350 íd.	íd.

M

El cuadro siguiente da la composición y el peso por metro cuadrado de las envolventes de algunos globos notables:

GLOBOS	NATURALEZA DE LA ENVOLVENTE	Volumen en m³	Peso por m² en gramos.
Dirigible de Giffard (1852).	Seda y barníz con óxido de zinc.	2.500	330
Idem de Dupuy de Lome (1872),..	Capa de seda blanca, otra de mansouck y siete de caucho. Barníz de base de glicerina y gelatina sistema Troost,.............	3.454	340
Idem Pablo Haenlein (1872). ....,..	Seda y percal engomado........	2.408	306
Cautivo de Giffard (Exposición de París 1878)....	Siete capas: muselina, caucho, lino fuerte, caucho, lino y caucho vulcanizado, muselina.. .	24.500	1.106
Tissandier (1883)........	Seda barnizada............ ...	1.060	320
Dirigible Renard y Krebs (1884).....		1.864	380
Schwartz (1897)........	Aluminio............	3.697	675

Envolventes metálicas.

Proceso de estas envolventes.—La idea de acudir al reino mineral en demanda de materiales para formar los globos, no es ciertamente de hoy, pues ya se dijo, al hablar del proyecto del padre Lana, que éste pretendía emplear el cobre en la construcción de sus grandes esferas. La reconocida conveniencia de asegurar la invariabilidad de forma, y la no menos evidente de obtener una envuelta del todo impermeable, hicieron concebir el propósito de poner á prueba los metales; pero rechazada la idea por imposible, á causa de la difícil obtención de láminas extensas y delgadas, parecía estar condenada al abandono, cuando los progresos metalúrgicos del siglo pasado vinieron á sacarla del olvido y aun á ponerla de moda desde que Schwartz presentó su globo de aluminio.

Señálanse á los globos metálicos las dificultades de su construcción y manejo, su precio elevado, sus grandes proporciones, la escasa disposición de las láminas para tomar formas curvas, y el peligro de recibir descargas eléctricas. Esto no obstante, muchos sabios consagrados al estudio de la aeronáutica, han suscrito y defendido la eficacia de la envuelta metálica. Guyton de Morveau propuso ya las planchas de cobre y Dupuis Delcourt realizó la idea; pero al sacar el globo del taller destruyóse por la acción de su propia masa. Marey Monge fué ardiente partidario de este sistema, y sostenía que la navegación aérea, como la acuática, no puede allanarse sin resolver antes la flotabilidad segura, mediante la impermeabilidad absoluta, que sólo es asequible con la envuelta metálica. Penetrado de esta convicción, proyectó un globo cilíndrico, cerrado por casquetes cónicos, forma que abandonó bien pronto por la esférica, menos fácil de construir pero que ofrece la ventaja de encerrar el mayor volumen en la menor superficie. El autor tocó bien pronto el desengaño; el globo se destruía por su propio peso á medida que se iba construyendo; fué preciso suspenderlo de una red, inyectarle aire comprimido y tapar más de 4.000 grietas que se produjeron durante la construcción, y una vez terminado se vió que no podía elevarse.

Este fiasco no logró descorazonar á los animosos innovadores; persuadidos de que el fracaso es la eterna introducción del éxito definitivo, prosiguieron y prosiguen la tarea comenzada, como lo demuestran los incesantes y pacientísimos trabajos de Próspero Meller, Cheradamne, Picasse, Schwartz y otros, que á la hora presente se entregan con entusiasmo al estudio y á la construcción de los globos metálicos.

Estado actual de la cuestión.—La envolvente necesita un metal tenaz, maleable, ligero, económico, de fácil soldadura é inmune á los agentes atmosféricos. Hasta hace pocos años, el hierro, el cobre, el zinc y el plomo eran los únicos metales posibles; pero el grosor de las planchas sacadas de ellos hacíalas pesadas é inaceptables. Los nuevos metales y los modernos procedimientos de fabricación abren hoy facilidades y aparejan condiciones de posibilidad que antes no podían soñarse.

La metalurgia suministra chapas de espesores inverosímiles; el de zinc se ha reducido á 0,05 mm. y el latón y el cobre á 0,03 mm. Este grado de tenuidad resulta ya inadecuado, porque las chapas carecen de resistencia y no pueden aplicarse ni aun con armazones interiores. Se necesitan espesores que no bajen de 0,1 mm., y con éstos se obtienen los pesos siguientes:

Zinc (chapas de 0,1 mm.), peso por m.²..................	700	gr.
Zinc (ídem de 0,2 mm.), ídem por íd.................	1,4	kgm.
Latón (ídem de 0,1 mm.), ídem por íd.................	850	gr.
Latón (idem de 0,2 mm.), ídem por íd........	1,7	kgm.
Cobre (ídem de 0,1 mm.), ídem por íd.......	890	gr.
Cobre (ídem de 0,2 mm.), ídem por íd.............. ...	1,80	kgm.

La construcción de los globos metálicos envuelve una incalculable suma de dificultades. La unión de las planchas es labor ardua y prolija; el roblonado no estanca bien y debilita la envuelta; la soldadura es muy difícil, á veces no puede hacerse ó es insuficiente, y en muchos casos se impone la penosa combinación de los dos medios.

Los NUEVOS METALES.—El aluminio es, hoy por hoy, el metal que, ya solo, ya con otros asociado, reune mejores cualidades para la constitución de las envolventes. La del globo Schwartz se hizo con planchas de 0,1 mm. y un metro de ancho, presentando pesos y resistencias aceptables.

Los graves defectos inherentes al aluminio eran, hasta hace poco, lo elevado de su coste y sus malas condiciones de soldabilidad. Cuanto al primero, debe notarse que los recientes métodos con que se obtiene este metal han permitido agigantar su producción en tales términos, que la del año último fué de 7.000 toneladas, reduciéndose su precio desde 3.000 francos el kilogramo (1857), á tres francos, que vale hoy. El inconveniente que ofrecía su soldadura se ha eliminado ya, gracias á muy recientes adelantos. A pesar de tales mejoras y de las que acusan el partinio y otras aleaciones del aluminio, este metal ya no satisface, y se busca en el glucinio y en otros nuevos cuerpos la solución de la envolvente metálica.

V

(Resumen de la quinta conferencia.—14 Febrero 1902.—Proyectáronse 34 fotografías.)

RED, BARQUILLA Y APARATOS AERONÁUTICOS

La red.—Generalidades. —Forma y dimensiones.—Material empleado.—Trazado y construcción.

Elementos que completan el cuerpo del globo. — *Válvulas* —Objeto y condiciones — Válvulas Charles, Yon, Lachambre, inglesa. - Precauciones que deben tomarse. - Defectos de las válvulas metálicas.—Válvula Renard de doble acción.—Amplitud valvular. *Banda de desgarre.—Apéndice.*

La barquilla.—Condiciones.—Dimensiones.—Material.—Suspensión de la barquilla.

Anclas, lastre y guide-rope.—*Anclas.*—Ancla marina.—Anclotes diversos.— Ancla francesa de Renard.—Cono-ancla de Sivel.—*Lastre.*—Lastre de varias clases.—*Guide-rope.*

Aparatos aeronáutico-marítimos.—Bases de la aeronáutica marítima. —Aparatos empleados. —Viajes emprendidos con este sistema de navegación aérea.

La red.

Generalidades.—La envolvente del globo esférico está rodeado por una red de anchas mallas que refuerza dicha envolvente, reparte las presiones que actúan sobre ella, soporta el peso de la barquilla y sufre la tensión del cable de retenida cuando el globo debe permanecer cautivo. La red comienza en los bordes de la válvula de escape, y se extiende, por lo menos, hasta el ecuador, pero en general se la prolonga más allá de éste, haciendo que recubra unos dos tercios de la envuelta total. La línea de arranque está formada por una corona de cuerda que contornea dicha válvula; sigue la red hacia el ecuador donde forma la primera *corona de patas de ganso pequeñas y grandes* (que hoy se tiende á suprimir), de la que cuelgan las cuerdas de ecuador, utilizadas en otro tiempo, más que ahora, para la maniobra de lanzamiento y transporte del globo; continúa la red extendiéndose por la mayor parte del hemisferio inferior, y remata en otra *corona de patas de ganso* que sirve de arranque á las *cuerdas de suspensión*, así llamadas porque sus lazadas extremas engarzan en el círculo del mismo nombre, del cual pende la barquilla.

Forma y dimensiones.—Su forma debe acomodarse á la del globo, así como á las necesidades de la inflamación, maniobras en tierra, marcha por el aire, etc. Será, por tanto, abierta en sus dos extremos; arriba para el juego de la válvula, y abajo para poder colocar la red sobre el globo cuando se tenga que proceder á su carga. La abertura primera cumplirá su objeto con un diámetro muy pequeño, pero la segunda no podrá cumplirlo sin una amplitud igual, por lo menos, á la del ecuador de la envolvente. Las mallas habrán de adaptarse al hemisferio superior, y afectar, por lo tanto, la esfericidad conveniente; no así el resto del tejido, el cual, para satisfacer á la última condición expresada, deberá conservar igual abertura desde la primera corona de patas de ganso hasta la segunda en que termina, de tal suerte que, suspendida la red libremente sin más peso que el propio, tome la forma cilíndrica en la porción expresada.

Material empleado.—La resistencia y ligereza tienen aquí, como en la constitución de la envolvente, una importancia de primer orden, y no ha de ser extraña tampoco á este caso la impermeabilidad, aunque en distinto concepto del señalado al tratar de las envueltas; si éstas no deben dejar paso al hidrógeno, la cuerdas que forman la red han de oponerse á la penetración de los agentes atmosféricos, á fin de evitar el aumento de peso y la disminución de longitud y de resistencia que aquellas sufren al mojarse.

Comunmente fabrícase el cordaje de los globos con el cáñamo de mejor calidad, y también con la fibra del ramio. Precisa que los cabos empleados tengan excelente mano de obra y la mayor uniformidad posible desde el punto de vista de su resistencia mecánica, pues al romperse una malla quedan comprometidas las inmediatas, la avería propende á extenderse y la rotura puede convertirse en un boquete por donde el globo se deslice y escape.

Para prevenir los perjudiciales efectos del agua sobre las cuerdas, es frecuente prepararlas con algún compuesto hidrófugo; la embreadura es de fácil imprimación, pero grava el peso de los ramales y disminuye su resistencia. Recomiéndanse mejor las preparaciones astringentes con base de caucho, por que aprietan las fibras, detienen la humedad y evitan la pudrición, sin gran aumento de peso ni pérdida de resistencia.

Trazado y construcción —Con su claridad habitual expone el conferenciante los trazados y las reglas de ejecución, así como los cálculos que deben preceder á la construcción de la red. Atajando, bien á pesar nuestro, algunas de sus explicaciones, y resumiendo las de más fácil asimilación, diremos que, ante todo, debe fijarse el diámetro de la cuerda con arreglo á los pesos que ha de soportar, contando siempre con grandes coeficientes de seguridad, y sin perder de vista que las cuerdas no preparadas pierden, al mojarse, de $1/2$ á $1/3$ de su resistencia, la cual, por otra parte, va disminuyendo con el uso. Para valuar los pesos que aquéllas deben sufrir, hay que poner en línea de cuenta, no tan sólo el de la barquilla con sus tripulantes, lastre, aparatos y accesorios, sino también al del cable de retención (si el globo es cautivo) y el que representan, según los casos, la fuerza del viento y la ascensional del gas empleado.

El trazado de la red varía según se trate de la porción correspondiente al hemisferio superior ó de la parte comprendida entre las coronas de patas de ganso, distinción impuesta por la diferencia de forma que afectan dichas dos porciones. El número de mallas en la circunferencia del ecuador se supedita á la condición de ser par, y el ancho de cada una no debe exceder á cierta longitud que depende de las dimensiones del globo, y suele oscilar entre 30 y 40 centímetros. Sobre esta longitud como base y empleando las plantillas que sirvieron para el corte de los husos, se traza un triángulo equilátero, del cual, por construcciones convenientes, nacen rombos, cada vez más angostos, que representan las mallas situadas entre el comedio del huso y el corte de éste, que confina con la válvula. Se forma de tal modo á lo largo de la circunferencia ecuatorial una corona de líneas en zis-zás, que, prolongadas alternadamente hacia abajo hasta encontrarse, forman las patas de ganso pequeñas y grandes, en número igual respectivamente á $1/2$ y $1/4$ de las mallas ecuatoriales. De los vértices de las grandes arrancan las cuerdas de ecuador.

La plantilla de la porción inferior se hace sin otra condición que la de conservar el ancho de la malla ecuatorial, y se termina el trazado por la segunda corona de patas de ganso, de la cual salen las cuerdas de suspensión, cuya longitud suele ser la del radio del globo.

La construcción de la red se hace con el auxilio de un sencillo aparato que asegura el ancho de las mallas, haciendo las pasadas y los nudos con una lanzadera, donde se tiene arrollada la cuerda. El modo de conducir la operación, atar y prender los guarda-cabos, hacer los remates, etc., está sujeto á las reglas comunes de artes y oficios, y no es fácil exponerlas sin el concurso de las fotografías que desfilaron por el telón de proyecciones.

Elementos que completan el cuerpo del globo.

Válvulas.—Constituyen el más importante regulador de la fuerza ascensional, y esto basta para dar idea de la importancia que tienen estos artificios.

OBJETO Y CONDICIONES.—La válvula superior de los aerostatos libres sirve para moderar la fuerza ascensional cuando se quiera descender á capas inferiores, y también para vaciar el globo por completo al tomar tierra ó plegarlo. Para llenar estos fines, precisa que la válvula cierre herméticamente y pueda ser entreabierta de modo gradual á voluntad del aeronauta, para que la salida de gas sea la conveniente al objeto que se persiga. El manejo de la válvula debe ser fácil y seguro.

DISTINTAS CLASES DE VÁLVULAS.—En la imposibilidad de resumir lo expuesto por el maestro, diremos tan sólo que la ideada por *Charles* fué la primera que se aplicó á los globos, y consistía en un disco de madera que ajustaba en una corona, donde se unían los cortes superiores de los husos. El disco estaba compuesto de dos sectores articulados que se podían hacer girar para dar escape al gas. La obturación se procuraba embadurnando la corona y los bordes de los discos con la llamada *cataplasma aerostática*, mezcla de sebo y harina de linaza que, al desecarse, dejaba intersticios por donde escapaba el gas en abundancia.

La válvula de *Yon*, muy usada en los globos militares, es de una sola pieza, dotada en su contorno de un resalto que penetra en un rebajo cauchotado de la corona, permitiendo mejor obturación que la de Charles. La fuerza antagonista que la mantiene cerrada, es la que desarrollan cuatro resortes en espiral, convenientemente dispuestos, y la unión de la corona con la envolvente (cuyos bordes se refuerzan) verifícase mediante la interposición de bandas de caucho que garantizan el cierre.

La válvula *Lachambre* varía de la anterior en ciertos detalles que tienden á guiar mejor el disco de obturación, el cual está solicitado por seis muelles en espiral. El todo de la válvula se halla protegida por una cubierta cónica de tela impermeable.

La válvula *inglesa*, en cuya confección entran el aluminio, el bronce y el hierro, tiene cuatro resortes y no difiere en su esencia de las anteriores.

PRECAUCIONES QUE DEBEN TOMARSE.—Sea cualquiera la válvula que se adopte, su aplicación habrá de someterse á ciertas precauciones que pueden resumirse así. 1.º, tener en cuenta, como término sustractivo á la fuerza antagonista, el peso propio de la cuerda de maniobra, que va desde el platillo obturador á la navecilla por el interior del globo; 2.º, que esté siempre á la mano del aeronauta; 3.º, que deje algún juego para que pueda ceder á las deformaciones del globo. El olvido de estos cuidados ha dado lugar á funestos accidentes, como demuestra el Coronel Marvá evocando algunos ejemplos.

DEFECTO DE LAS VÁLVULAS METÁLICAS.—Achácanse á éstas los inconvenientes que provienen de la alterabilidad de los metales por los agentes atmosféricos, y sobre todo, el de sus cualidades eléctricas. Huyendo de estos defectos, el Coronel Renard ha hecho uso del cartón-piedra en la válvula de que es autor.

VÁLVULA RENARD, DE DOBLE ACCIÓN.—Se distingue notablemente de las enumeradas, no sólo por el material que la constituye, sino también por su disposición y la doble manera de funcionar. Salvando descripciones que no podemos hacer, diremos que esta ingeniosa válvula consta de un cilindro hueco, cuyo contorno está surcado de ventanillas á las que se adapta, cerrándolas, una bolsa de caucho puesta en comunicación con un tubo de goma que por el exterior del globo va á la barquilla y termina en una pera flexible que, á modo de bomba neumática, permite inyectar aire en dicha bolsa; al hacerlo así, ésta se hincha, descubre las ventanillas contra las cuales estaba aplicada, y á través de ellas escapa el hidrógeno. Para desalojar el aire de la bolsa se abre una espita que hay en el tubo flexible, cerca de la pera é inme-

diata á un manómetro, insertb en dicho tubo para que se pueda conocer la tensión del aire inyectado, el cual estará en razón directa del gas
que se expulsa.

Este modo de operar permite obtener pequeñas sangrías de regulación ascensional, y si se quiere vacíar el globo totalmente, basta tirar de la cuerda de maniobra para que se desprenda el fondo de caucho
que cierra la boca inferior de la válvula, presentando al hidrógeno ancha
vía de salida.

AMPLITUD VALVULAR.—Suele darse á este órgano un diámetro próximamente igual á $1/20$ del que tiene el globo; pero esta dimensión depende del volumen de aquél y de la densidad del gas encerrado, puesto que
su escape será tanto más rápido cuanto menor sea su peso. Las válvulas pequeñas ofrecen serios inconvenientes en los descensos, á causa de
la dificultad de precisar el instante oportuno de abrirlas; á este propósito cita el profesor instructivos ejemplos.

Banda de desgarre.—Para poder efectúar el descenso en un momento dado, mediante la desinflación rápida del globo, ha sido ideada
la banda de desgarre, de la cual ya se dijo algo en la tercera conferencia. La idea originaria de este nuevo elemento arranca del año 1863 en
que fué lanzado el globo *Gigante* por el aeronauta Nadar; al descender
se vió éste arrastrado con el globo durante un largo trayecto, corrien-
do peligros que le hicieron pensar en la conveniencia de poder vaciar
un globo en muy pocos segundos.

La banda de desgarre ha sido objeto de sucesivos perfeccionamientos: primero, el trozo de huso que la constituye se aplicaba por simple
pegadura; después se vió que podía despegarse por sí misma, y se evitó
esto reforzando las uniones con botones de presión como los usados en
los guantes; por último, el Capitán Blanc ha introducido una importantísima mejora: la de hacer automático el funcionamiento de dicha
banda, cuya descripción y maniobra dió el Coronel Marvá.

Apéndice.—En la tercera conferencia fué definido, y en ésta explicado con detalle. Su forma es tronco-cónica, su diámetro suele ser $1/20$
del que tiene el globo, y su longitud de unos tres diámetros. Este orificio se hace algo mayor que el de la válvula de escape, con objeto de
que ésta pueda pasar por aquél cuando sea preciso volver el globo del
revés para barnizarlo al interior. En los globos sonda se hace rígido y
tubular. A veces se sustituye por una válvula ligera.

La barquilla.

Condiciones.—Dimensiones.—Material.—Debe cumplir en lo posible con las condiciones contradictorias de solidez y ligereza; sus dimensiones han de limitarse cuanto se pueda, con el fin de reducir su peso, ajustándolas estrictamente á la tripulación y enseres que deba contener. En general está constituída por un cesto prismático, tejido con mimbre ó caña, donde también se entretejen las cuerdas de suspensión. Para conseguir mayor resistencia y rigidez lleva un bastidor de tubo metálico en el borde alto, listones, cantoneras y otros refuerzos.

La organización interior responde á la necesidad del máximo aprovechamiento de espacios, que se consigue alojando los aparatos, el lastre, etc., en el interior de los asientos. Está provista de asas y aberturas y demás artificios necesarios para manejarla y fijar algunos efectos, como la cuerda de ancla y el *guide-rope,* que cuelgan por la cara exterior.

Para los globos expuestos á caer en el agua, se ha querido torrar la barquilla con lona impermeable, pero no prosperó este recurso, pues el agua que aquélla podía embarcar en la caída lastraría el globo impidiéndole remontarse otra vez. Para estos casos se ha considerado preferible usar flotadores ó salva-vidas.

Suspensión de la barquilla.—Esta se une al resto del globo por intermedio del *círculo de suspensión*, fuerte aro de madera, de un diámetro menor que la mayor dimensión de la barquilla, y surcado de un orden de muescas, donde se atan pequeñas cuerdas, terminadas en *cazonetes* de olivo, que se abrochan en los lazos terminales de las cuerdas de suspensión de la red y de la barquilla.

Para dar á ésta las necesarias condiciones de horizontalidad y estabilidad, se han imaginado distintos modos. El conferenciante los describe con el auxilio de figuras, limitándonos aquí á decir tan sólo que los tipos de suspensión Lachambre, Yon, Godard, Renard, etc., tienden á garantir las expresadas condiciones á favor de dos *barras de trapecio* de madera, entre las cuales quedan comprendidos el círculo de suspensión, y la barquilla, convenientemente enlazados con varios cabos, que convergen formando *pincel* ó se combinan de otro modo bien entendido.

En los globos dirigibles dotados de motor, la suspensión se verifica mediante una triangulación que asegure al enlace la rigidez indispensable en este caso.

Anolas, lastre y guide-rope.

Anclas.—Expresado su objeto en la tercera conferencia, mencionaremos aquí los tipos en uso. Empleáronse primero las de la *marina*, compuestas de caña y dos brazos terminados en forma de uña. Este tipo no se presta bien al aterraje, porque las garras muerden con dificultad, y es reemplazado ventajosamente por los *anclotes de cuatro brazos*, montados en planos perpendiculares, de suerte que al caer en tierra quede siempre una uña normal al suelo. Para facilitar el transporte de este tipo se ha ideado el *ancla inglesa*, de brazos articulados, que sólo se despliegan al practicar la ascensión. Existen también los tipos *Yon*, *Hervé*, etc., que sólo difieren en el número y la disposición de sus brazos; pero merece nota especial el *ancla francesa* de Renard, que presenta varios pares de brazos, que pueden plegarse para el transporte y presentan en junto la forma de un rastrillo cuando están desplegados, El cable debe ir amarrado al círculo de suspensión.

El peso del ancla es próximamente el 3 por 100 (en kilogramos) del número de m.³ del globo.

ANCLAS AERO-MARÍTIMAS.—Cuando haya que temer un descenso en el mar, llévase el *cono-ancla* de Sivel, saco cónico de lona impermeable, que arrojado al mar, se lastra con el líquido, moderando la marcha del globo; para vaciarlo se le vuelca, tirando de la cuerda sujeta en su vértice, ó bien se abre la válvula que algunos le ponen en dicho punto.

Lastre.—Es el indispensable y eficaz paladión del aeronauta. El más empleado es el de arena ó tierra fina en sacos de $0^m,50 \times 0^m,25$ y 20 kilogramos de peso, que se conducen en el fondo de la barquilla y á veces cuélgase alguno al exterior para que toque al suelo antes que aquélla, y aliviando el globo de este peso, la caída se haga sin choque violento.

El globo sube cuando se arroja lastre, y baja expulsando hidrógeno; combinando estos dos recursos, es decir, siguiendo el método de la *doble sangría*, consigue el aeronauta mantenerse á la altura deseada, sortear los peligros que halle á su paso y verificar el descenso en buenas condiciones.

Se ha propuesto el empleo de lastre líquido, constituído por un receptáculo lleno de agua, provisto de un grifo para darle salida; pero es de un uso incómodo, á lo que hay que agregar el inconveniente de la congelabilidad del líquido á las bajísimas temperaturas que pueden encontrarse.

Es preciso imponer absoluta prohibición de arrojar cuerpo alguno desde la barquilla, como no sea en forma de lastre muy dividido. Para dar idea de la fuerza de proyección que adquiere un proyectil en su descenso, bastará fijarse en que una simple piedrecilla arrojada desde:

1.000 m., adquiere una velocidad por 1″.....	= 140 m.
2.000 m., »	»	»	= 180 m.
2.500 m., »		»	= 200 m.
4.000 m., »		»	= 280 m.

Guide-rope.—Es, como ya se dijo, un elemento de seguridad para la marcha y los descensos, constituído por una cuerda (que no suele pasar de 200 m.) pendiente de la barquilla y que al tocar en el suelo da útiles indicaciones de altura, alivia el peso del globo funcionando como lastre automático, refrena su marcha cuando es arrastrado por el huracán y advierte el momento preciso de arrojar el ancla, cuyo efecto ayuda y completa. Tradúcese con los nombres de *cuerda-guía, cuerda-freno cable moderador*. Para aumentar su rozamiento con el suelo erízase ó se ensancha su porción inferior.

Aparatos aeronáutico-marítimos.

Bases de la aeronáutica marítima.—Aeronautas distinguidos han pensado en los medios que deben arbitrarse con el fin de asegurar el éxito de las expediciones á través de los mares. Las primeras ideas fueron emitidas por Green en 1837; Sivel se ocupó de la cuestión en 1875 y Lhorte pretendió solucionarla en 1885. El francés Henri Hervé ha echado definitivamente las bases del sistema, presentando en consecuencia un grupo completo de aparatos.

Los tres puntos esenciales y los elementos empleados son:

1.º Estabilidad de flotación del globo en el aire.—Se consigue practicando siempre la navegación de pequeña altura, con el auxilio de *estabilizadores* y *frenos hidro-náuticos* ó compensadores, merced á los cuales se consigue prolongar la sustentación del globo en la atmósfera. El estabilizador es una *guide-rope* de piezas articuladas, dispuestas de modo que den al conjunto flexibilidad y aptitud de flotación.

2.º Invariabilidad de forma.—Obtenida con el empleo de un globo compensador.

3.º Dirección relativa.—Emplea para conseguirla los *desviadores*, que son juegos de planos en forma de persianas, opuestos á la resistencia del agua, para obtener una resultante en la dirección que se trata de seguir.

Después de puntualizar estos principios y describir detenidamente los aparatos indicados, pasa el conferenciante á reseñar las tentativas realizadas para atravesar el Canal de la Mancha y el viaje que con éxito completo llevó á cabo Hervé en el globo *El Nacional* el año 1886.

Examina sucesivamente otros elementos como el freno hidro-neumático, de que se hace uso en este sistema de navegación; los aparatos de maniobra y la extructura especial que debe tener la barquilla para el más fácil manejo de aquéllos.

Descripción del globo **Mediterráneo** é historia del viaje.—Con todo detenimiento explica sobre las figuras la organización del globo *Mediterráneo*, de 1.200 m.³, con el cual se proponía Hervé cruzar este mar desde Tolón á Argelia; las dificultades y deficiencias de la inflación, causas de que aquél careciera de la conveniente fuerza ascensional, y por tanto, que no pudieran ser embarcados todos los aparatos, entre ellos el desviador de máxima, que hubiera prestado muy útiles servicios.

Seguidamente reseña la ascensión, presenta el plano del viaje y hace historia de sus diversos accidentes y circunstancias desde Tolon, punto de lanzamiento, hasta las playas próximas á Perpignan, donde hizo su descenso sobre el crucero *Du Chaila*, que le seguía.

La considerable duración del viaje (cuarenta y una horas); la eficacia no absoluta, pero innegable, de los aparatos de dirección, y el
examen de las declinaciones alcanzadas con respecto á la dirección del
viento, sugieren al sabio Coronel consecuencias y deducciones favorables al porvenir de este sistema de navegación.

VI

(Resumen de la sexta conferencia, 21 Febrero.—16 proyecciones fotográficas.)

LOS GASES—EL GLOBO CAUTIVO

Estudio de los gases.—Teoría de la sustentación del globo en la atmósfera.—Flotabilidad de un cuerpo en el agua y en el aire.—Influencia de los pesos del aire y del gas.—Gases posibles en aeronáutica.—Producción del hidrógeno.—Método electrolítico.—Método químico.—Métodos por vía seca y vía húmeda.—Aparatos para la producción del hidrógeno.—Aparatos fijos.—Método de los toneles.—Modificación de Giffard y Dupuy de Lome.—Método de circulación continua.

Estudio de los globos cautivos.—Importancia militar de estos globos.—Condiciones á que deben satisfacer.—Equipo del globo cautivo.—Globo cautivo esférico.—Modos de suspensión de la barquilla.—Cable de retenida.—Experiencias del Parque Aerostático-militar de Guadalajara.

Estudio de los gases.

Teoría de la sustentación del globo en la atmósfera.—Estudiados en las conferencias anteriores los elementos constitutivos del globo aéreo, parece llegada la ocasión de considerar aquellos en conjunto, marcha lógica en el orden de los conocimientos que gravando en la mente la noción de lo simple, abre el espíritu á la percepción de lo compuesto. Pero los materiales integrantes que se han dado á conocer, constituyen solamente la parte corpórea y visible del globo; falta considerar lo que éste encierra, el contenido de la envolvente, lo que pudiéramos llamar el alma del globo, es decir, el estudio de los gases aptas para llenarlo, estudio que el ilustre maestro exordió con el de la sustentación del globo en el aire.

M

FLOTABILIDAD DE UN CUERPO EN EL AGUA Y EN EL AIRE.—El fecundo principio de Arquímedes, ya citado de pasada en la segunda conferencia, fundamenta por sí solo toda la teoría de la sustentación del globo en el aire, que es la de los cuerpos flotantes en los líquidos y la de los sumergidos en éstos. Por el alcance que tiene dicha teoría tanto á la navegación aérea como á la submarina, la explana el Coronel Marvá'de un modo completo, pero ceñido.

Cuando un cuerpo se sumerge en un líquido, sufre por parte de éste presiones que se ejercen en todos sentidos; las laterales se hacen equilibrio, y las que actúan de arriba á abajo se componen con las que tratan de hacerle ascender, y según sea la resultante de estas fuerzas así se determinarán para el cuerpo tres estados de equilibrio: 1.°, si la resultante vence á las fuerzas que se suman á la gravedad en magnitud y en signo, el cuerpo flota con estabilidad; 2.°, si hay equilibrio entre aquellas fuerzas, el cuerpo permanece indiferente, tanto para la flotación como para la inmersión; 3.ª, si la resultante actúa en el sentido de la gravedad, el cuerpo desciende por la vertical hacia el fondo del vaso que lo contiene.

El conferenciante, ilustrando su explicación con varios diágramas, extiende análogas conclusiones al caso de los flotantes aéreos, deduciendo que para elevarse un globo en la atmósfera es necesario que desaloje un volumen de air: más pesado que los materiales que la forman: envolvente, barquilla, aeronauta y cuantos objetos éste lleve consigo.

INFLUENCIA DE LOS PESOS DEL AIRE Y DEL GAS.—Como las presiones exteriores varían con la densidad del medio envolvente, las que sufra el globo en el aire variarán según las alturas de las distintas capas atmosféricas, más enrarecidas cuanto más elevadas, y por tanto, el peso del volumen desalojado por el aerostato en su ascensión, irá tomando valores cada vez más pequeños, hasta llegar á uno que sea igual al peso del globo; entonces éste permanecería como una boya en la misma capa del aire si otras causas no le obligaran á descender.

Por esa menor densidad de las capas sucesivas, las presiones sobre el globo van disminuyendo, y como por la ley de Mariotte los gases se dilatan en razón inversa de dichas presiones, se ve que el del interior del globo se irá dilatandc con la altura. Resulta, pues, que si oien el aire va siendo más ligero, en cambio, el volumen desalojado va siendo mayor, y estas acciones contrarias se equilibran porque el producto del volumen por la densidad es siempre el mismo teóricamente, de donde se sigue que si se pudiera construir un globo de envuelta tenuísima y absolutamente ligera é impermeable, sin adherente alguno, su fuerza ascensional sería constante. Como estas condiciones son irrealizables, y hay pérdidas y cambios de gas del interior al exterior y viceversa, y los pesos de la tripulación, barquilla, etc., desalojan siempre el mismo volumen, puesto que no se dilatan como el cuerpo del globo, éste pierde bien pronto su fuerza ascensional, y por consiguiente, desciende á buscar capas atmosféricas más densas.

La causa, pues, de que el globo suba, ó lo que es lo mismo, el principio de su fuerza ascensional, es la diferencia entre el peso del aire desalojado por el aerostato y el de éste con toda su dotación. Si convenimos en representar por las letras F, A, G y g, la fuerza ascensional, el peso del aire desalojado, el del globo completo, pero vacío, y el del gas que puede llenarlo, la expresión algebráica de la fuerza ascensional será $F = A — (G + g)$, la cual aumentará cuando A crezca y disminuyan G y g. Esto significa que las capas de aire denso favorecen la fuerza ascensional, y que para multiplicarla convienen materiales muy liligeros y gases muy sutiles.

El cálculo de esta fuerza es una simple aplicación de dicha fórmula, bastando poner en ella los pesos respectivos expresados en metros cúbicos. El del aire es un término muy variable, pues influyen mucho en él la altitud, la temperatura, el estado higrométrico, etc. El peso normal (á $0°$ C y 760 mm. de presión) es de 1,3 kilogramos por exceso.

Gases posibles en aeronáutica.—Las nociones apuntadas hacen ver que de todos los gases conocidos podrán tan sólo emplearse en aeronáutica los que tengan por m.^{3} un peso menor que 1,300 kilogramos.

Entra el conferenciante en el estudio comparativo de aquéllos, aduciendo datos y características cuyo resumen damos á continuación:

GASES	Densidad relativa siendo 1 la del aire.	Peso del metro cúbico.	Fuerza ascensional.
Hidrógeno	0,069	0,09	1,291
Gas del alumbrado... ..	»	0,60	0,700
Amoníaco............ ..	0,597	0,776	0,523
Vapor de agua....... ...	0,623	0,810	0,490
Acetileno	0,92	1,196	0,104
Oxido de carbono..... ..	0,968	1,258	0,042
Azoe	0,971	1,262	0,038
Aire á 0° y 760 mm.......	1	1,300	»

Como se ve hay siete gases más ligeros que el aire los cuales, por satisfacer á la condición enunciada, podrían emplearse en la inflación de los globos; pero el azoe da muy poca fuerza ascensional; el óxido de carbono y el acetileno son peligrosos por su toxicidad; el amoníaco es caústico y atacaría la envolvente, y el vapor de agua es inaceptable porque al condensarse aumenta el peso del globo y lo deja vacío. Así, por eliminación, vienen á quedar como únicos gases posibles el del alumbrado y el hidrógeno, los cuales reunen condiciones apropiadas, aunque no se hallan exentos de inconvenientes, pues el último es inflamable, y el primero (que es un hidrógeno carbonado), adolece de tan grandes diferencias en su composición, que no es posible calcular exactamente la fuerza ascensional del globo. Entre ambos, la elección del hidrógeno no es dudosa en lo relativo á la aerostación militar, donde los globos de gran cubicación son imposibles, y por tanto, la fuerza ascensional no puede ganarse forzando las dimensiones, sino empleando el gas mas sútil que se conoce.

Producción del hidrógeno.—Los métodos conocidos hasta hoy son químicos y electro-químicos; estos últimos se reducen á descomponer el agua por electrolisis, mediante los voltámetros industriales que los grandes progresos de la ciencia eléctrica van haciendo prácticos. No lo son, sin embargo, para campaña por exigir el concurso de máquinas dinamo-eléctricas y motores de regular potencia, que sólo funcionan económicamente cuando son accionados por saltos de agua.

Los métodos químicos pueden ser por *vía seca* y por *vía húmeda*. El Coronel Marvá explicó los siguientes:

1.º MÉTODO DE LAVOISIER (VÍA SECA).—Descubierto por este ilustre químico, y aplicado· después por Coutelle á la producción de grandes cantidades. El hidrógeno, se forma por ·la descomposición del vapor de agua proyectado sobre el ·hierro enrojecido que al apoderarse del oxígeno deja el hidrógeno en libertad. El procedimiento no se recomienda por su modicidad; la producción es lenta é irregular.

2.º MÉTODO DE LAVOISIER, MODIFICADO.—La rápida oxidación que experimentan las limaduras de hierro expuestas al vapor del agua las hace muy pronto incapaces de descomponer dicho vapor. Al remedio de este inconveniente acudió Giffard, avivando aquellas limaduras á favor del óxido de carbono. Mas tarde recibió este método sus últimas mejoras con los aparatos especiales presentados por el Dr. Strach.

3.º MÉTODO ALEMÁN (VÍA SECA).—Consiste en poner el zinc en contacto de la cal hidratada; el zinc se combina con los elementos del compuesto cálcico para dejar libre el hidrógeno.

4.º MÉTODO DE LA DESCOMPOSICIÓN DEL AGUA POR LA ACCIÓN DEL ÁCIDO SULFÚRICO Y DEL HIERRO.—Actuando el ácido sobre el hierro se forma el sulfato correspondiente, desprendiéndose el hidrógeno. Para que la reacción pueda tener lugar, es precisa la cantidad de agua necesaria para disolver el sulfato á medida que se va formando. Puede usarse también el ácido clorhídrico y el zinc; pero este ácido es menos económico, y el zinc del comercio suele contener arsénico; de suerte que el hidrógeno producido resulta algo arsenioso, y por tanto, nocivo en alto grado; si á esto se añade el mayor precio del zinc con respecto al hierro, se comprenderá la preferencia que ordinariamente se otorga á este último metal en la preparación de dicho gas.

Aparatos para la producción del hidrógeno.—Esta parte de la conferencia fué auxiliada con numerosas vistas que, no pudiéndo ser reproducidas aquí, obligan á tratar la cuestión de un modo harto abreviado.

MÉTODO DE LOS TONELES.—Es el que empleó el físico Charles para llenar el primer globo de gas, y se le conoce con el nombre expresado porque la reacción se verifica separada y simultáneamente en varios toneles que se reunen por tubos comunicantes á uno central en relación con el globo. Cada tonel contiene agua, hierro y ácido sulfúrico en cantidad conveniente; el hidrógeno desprendido se lava en la cuba central y pasa directamente al globo. Señálanse varios defectos al sistema: la producción decae pronto; los cristales de sulfato de hierro que se acumulan en el fondo de los recipientes, van aislando el metal, y, por último, se necesitan muchos toneles para obtener el gas necesario.

MODIFICACIÓN DE GIFFAR Y DUPUY DE LOME.—Las mejoras introducidas por estos ingenieros, encamináronse á operar por *baterías sucesivas*, dando ocasión á que una funcionara mientras se arrancaban de la otra los costrones de cristales formados en los toneles. El *secador*, órgano útil, aunque no necesario, pues no evita las cristalizaciones, fué otra innovación introducida por dichos ingenieros.

MÉTODO DE CIRCULACIÓN CONTINUA.—Débese á Renard el perfeccionamiento más importante de cuantos se han imaginado para obviar los defectos señalados más arriba. Merced á una corriente continua del agua acidulada se consigue arrastrar los cristales de sulfato á medida que se van formando. El aparato de Chalais Mendon, empleado por el ejército francés, consta de: un *generador* de hierro con un tubo por donde entra el agua acidulada, otro para el desagüe del sulfato de hierro y otro para la salida del gas; un *lavador* compuesto de dos cilindros de palastro concéntricos, en cuyo espacio anular se aloja el agua donde se lava el gas; un *secador* que contiene cal viva para el objeto que el nombre de este órgano indica; una *campana de prueba* en comunicación con el secador, para contrastar la pureza y sequedad del hidrógeno, y finalmente, un depósito para el *agua*, otro para el *ácido sulfúrico* y otro donde se opera la *mezcla* de estos dos líquidos.

Estos elementos son los que se encuentran, con ligeras modificaciones, en los centros aerostático-militares de Europa. En el aparato fijo del Ejército italiano, el hidrógeno va desde el lavador á un *purificador*, lleno de carbón de leña y piedra pómez impregnada en permanganato de potasa para corregir las impurezas del gas, el cual, al salir del purificador entra en el secador provisto de carbón de leña, cloruro cálcico y potasa cáustica.

El aparato usado en el Establecimiento Aerostático de Berlín, contiene órganos duplicados, de suerte que pueda funcionar uno de ellos mientras se limpia su gemelo. Por último, el generador fijo de Surcouf presenta en conjunto la disposición señalada para los anteriores, y fué, como todos, objeto de amplias explicaciones.

Estudio de los globos cautivos.

Importancia militár de estos globos.—En el estado actual de la ciencia aeronáutica, no es dable fundamentar los servicios militares de aerostación sobre la base de los globos libres. Los cautivos son hasta el presente los únicos que, por la seguridad de su empleo, permiten trazar el canevas orgánico-técnico de los parques de campaña, sin que esto sea óbice para que las unidades militares conduzcan y ensayen tipos diversos de globos libres, tanto para la instrucción del personal como para ocurrir á las eventualidades que pudieran demandar ascensiones de tal naturaleza.

Esto explica por qué los globos cautivos juegan en aerostación militar el papel más importante.

Condiciones á que deben satisfacer los globos cautivos.—La índole de los servicios que éstos deßen prestar y el carácter genérico de ligereza, movilidad, solidez, etc., que distingue á todo instrumento de guerra, dan la páuta de las supradichas condiciones.

1.ª SENCILLEZ Y RESISTENCIA.—Requisitos son estos que no es necesario razonar, por ser extensivos á cuantos elementos constituyen un Ejército.

2.ª INFLACIÓN PRONTA Y FÁCIL.—La premura de las circuntancias, que es la norma'de las operaciones militares, impone irremisiblemente dicha condición.

3.ª COMODIDAD DE TRANSPORTE; RAPIDEZ EN LA MANIOBRA.—Estas necesidades, que en el orden civil aceptan amplio márgen de tolerancia, son imperiosas y absolutas en el orden militar, sobre todo en los servicios al frente del enemigo.

4.ª OBSERVACIÓN CÓMODA; TRANSMISIÓN INMEDIATA.—El objeto y finalidad del globo en campaña es la *observación;* precisa, pues, facilitarla por todos los medios posibles. La eficacia virtual de estas observaciones cae de lleno en la oportunidad con que sean conocidas; el éxito de un propósito táctico, está, pues, en la rapidez de transmisión.

Equipo del globo cautivo.—En las operaciones de la guerra, más que en parte alguna, es preciso contar siempre con lo imprevisto. Las probabilidades de un daño enemigo, la rotura expontánea del cable, una omisión, cualquier avería, pueden convertir inopinadamente el globo cautivo en globo libre.

La previsión más elemental aconseja, por lo tanto, equipar la nave con todos aquellos menesteres indispensables á las contingencias de un viaje libre y prolongado.

Globo cautivo esférico.—Es la forma tradicional y la única empleada en los ejércitos hasta que recientes progresos la han relegado á segundo término. Por ella comienza su estudio el conferenciante.

MODOS DE SUSPENSIÓN DE LA BARQUILLA.—Esta parte del globo reviste un interés primordial. La estabilidad que requieren las facilidades para la observación, han aguijoneado el ingenio de los constructores en pos de un dispositivo que ponga la nave al abrigo de las fuertes oscilaciones producidas por el viento.

Las ideadas con tal objeto no pueden sugerirse sin la visión de las figuras que ilustraron este pasaje de la conferencia, en el cual fueron examinados los enlaces de Lachambre, Yon, Godard y Renard.

CABLE DE RETENIDA.—La determinación de su diámetro se hace por medio del cálculo teniendo en cuenta los siguientes datos que fijan en cada caso las condiciones del problema. El cable debe resistir al esfuerzo de su propio peso, al ascensional y al del viento. Es preciso también tener en cuenta que el cable no sigue una línea vertical entre el punto de amarre y la barquilla; esto podría suceder tan sólo en el caso teórico de una atmósfera sin movimiento. En la práctica, el cable sigue una dirección oblícua, formando con la línea de tierra un ángulo tanto más pequeño cuanto más poderosa es la violencia del viento. Esto hace ver que la longitud del cable que se necesita para ganar una altura determinada, dependa de la fuerza del viento y crece con esta fuerza. Para oponerse á ella en lo posible, conviene forzar la ascensional; y de ahí que se dé á esta fuerza un exceso conveniente que suele variar entre $1/6$ y $1/10$ del volumen.

Resulta de lo dicho, que el viento es el enemigo natural del globo cautivo, no sólo por las grandes sacudidas que sufre la nave, sino también por el aumento de resistencia, y por tanto de peso, que es preciso dar al cable de sujeción, lo que exige adoptar para los globos volúmenes mayores de los que en otro caso serían suficientes.

Después de presentar algunos trazados y de hacer el estudio de las fuerzas que intervienen en la teoría del globo cautivo, demostró la imposibilidad de elevarlo en días de viento impetuoso, y dió á conocer las experiencias de nuestro Parque aerostático de Guadalajara, según las cuales, para remontar el globo en la meseta de Castilla no hay más que un 22 por 100 de días hábiles en el año.

VII

(Resumen de la séptima conferencia.—28 Febrero 1902 —Proyectáronse 30 fotografías.)

EL GLOBO-COMETA.— GENERADORES Y CILINDROS DE CAMPAÑA

El globo-cometa.—Inconvenientes de los globos esféricos cautivos.—Teoría de la cometa.—Ideas de Parseval.—El globo-cometa.—Principio y descripción.— Valor práctico de este globo.— Diversos tipos.—Cálculo de la fuerza ascensional del globo cometa español.

Generadores y cilindros de campaña.—Generadores móviles de hidrógeno.— Distintos tipos.—Inconvenientes de los generadores móviles.—Transporte del hidrógeno en cilindros.—Estudio de estos envases.—Forma y dimensiones.— Metal de que se construyen.—Clase de pruebas á que se les somete.—Cilindros para el parque de Guadalajara.—Válvula de cierre. - Compresión del gas.— Transporte de los cilindros en carro y á lomo.—Datos concernientes á los ejércitos de Europa.

El globo-cometa.

Inconvenientes de los globos esféricos cautivos.—Ya se apuntó en la última conferencia que el viento es el enemigo más poderoso del globo esférico cautivo, hasta el punto de ser imposible su empleo cuando aquél es muy fuerte. El efecto perjudicial del viento se deja sentir aun en los casos en que su violencia no sea grande; las incesantes oscilaciones hacen·imposible la quietud indispensable para poder practicar los reconocimientos desde la barquilla; por otra parte, no es siempre hacedero alcanzar grandes alturas á causa de la inclinación del cable, lo que trae como consecuencia una dominación menor sobre los accidentes circundantes, y por tanto, el que las observaciones sean más limitadas. A estas dificultades del globo en el espacio hay que añadir las del globo en tierra, es decir, las de su inflación, transporte y maniobra, todo lo cual convierte este inapreciable instrumento de guerra en un medio inútil y estorboso cuando se opera en términos geográficos azotados de continuo por vientos reinantes.

Estos inconvenientes pudiéronse apreciar desde las primeras campañas en que se usó el globo cautivo, sin que el ingenio de los aeronautas militares, excitado para dotar de alguna estabilidad á la forma esférica, haya conseguido disminuir aquellos inconvenientes, los cuales se tocan hoy mismo en los aerostatos del ejército inglés en el Transvaal.

Teoría de la cometa.—Buscando solución al problema, se cayó en la cuenta de que la causa que impide subir al globo cautivo es precisamente la que permite remontar la birlocha con que juega el niño, y por tanto, se pensó que en el fútil juguete de tantos siglos podía encontrarse la clave de la cuestión. La idea primeramente concebida, fué combinar la forma plana de la cometa con la esférica del globo.

La razón del procedimiento se buscó en la teoría de la cometa, teoría que explanó el conferenciante auxiliándose con diagramas y extendiéndose en consideraciones que no podemos reproducir, diciendo aquí tan sólo á modo de resumen que, supuesta una cometa en el espacio, su plano, inclinado respecto al horizonte, recibe del viento una fuerza horizontal que puede descomponerse en otras dos: una normal á la superficie de la cometa, y otra en direccion del plano de esta y hacia su parte superior. La primera está equilibrada por la tensión de la cuerda, quedando la segunda como resultante del sistema, la cual imprime al aparato un movimiento de ascenso. Se ve, pues, que la cometa subirá tanto más cuanto mayor sea la fuerza del viento.

La idea de utilizar la cometa como instrumento científico es anterior al siglo XIX; Franklin la empleó en sus ensayos acerca de la electricidad atmosférica, y se ha usado y sigue usándose como elemento de investigación en Meteorología.

En la primera mitad del último siglo comenzaron los ensayos conducentes á la realización de un globo-cometa, pero la dificultad de conectar la superficie plana de esta con la esférica del globo, hizo infructuosas las tentativas realizadas sucesivamente por el inglés Douglas, el francés Trauson y el aleman Roedeck.

Ideas de Parseval.—Como dentro de los medios de que disponen la ciencia y la industria, puede casi asegurarse que cuestión planteada es cuestión resuelta, el felíz acuerdo de los elementos globo y cometa no podía hacerse esperar mucho tiempo, sobre·todo desde que el Capitán Parseval, en vista de la·inutilidad de los esfuerzos encaminados á realizar la asociación de aquellos elementos bajo la base de la independencia de las dos formas plana y esférica, ó semiesférica, resolvió abandonar este camino para tomar el de la fusión de dichos elementos en uno solo á fin de obtener un cuerpo alargado que pudiera mantenerse en el espacio con cierta inclinación sobre el horizonte.

El globo-cometa.—Con el concurso del Capitán Siegsfeld, otro mártir de la navegación aérea, de cuyo trágico fin se ocupó, la prensa no hace muchos meses, se ha llegado á la realización de un tipo de globo-cometa que obvia casi por completo los inconvenientes del esférico cautivo y constituye, por lo tanto, un instrumento seguro de observación, es decir, el verdadero globo militar.

PRINCIPIO DEL GLOBO-COMETA.—Es el que se·ha·dado á conocer en la teoría esbozada más arriba, sin otra diferencia que la de ser cilíndrica la superficie opuesta á la acción del viento. La componente vertical de la reacción dirigida de abajo á arriba, se opone en cierta medida á la componente que tiende á tumbar el cable.

DESCRIPCIÓN.—El cuerpo principal del globo está constituído por una envuelta cilíndrica terminada en dos casquetes esféricos, la cual se halla dividida en dos compartimientos por una pared flexible ó *diafragma*, que va desde el casquete inferior (supuesto el cilindro inclinado en el espacio) á la parte media del semicilindro vuelto hacia la tierra. El compartimiento superior forma la *cámara de gas*, y la inferior (cuya capacidad es $^1/_4$ próximamente de aquélla), constituye la *cámara de aire*, donde puede penetrar el de la·atmósfera con el fin de mantener constantemente en este receptáculo una presión proporcional á la del viento; de suerte que, obedeciendo á ella, el diafragma se extenderá más ó menos obrando sobre la cámara de gas, reduciendo la capacidad de esta cámara y obligando á que dicho fluído llene siempre el compartimiento superior, donde, por tal causa, no podrán formarse bolsones. Válvulas de seguridad y otras disposiciones de detalle aseguran el juego automático de ambas·cámaras contra las variaciones bruscas de fuerza y dirección del viento.

Para el caso en que la tensión del gas llegue á ser excesiva, existe una *válvula de escape*, situada en el casquete superior, la cual se abre automáticamente cuando se presenta dicho caso, y puede abrirse también

á voluntad del aeronauta, gracias á una cuerda que va, en parte, por el
interior del globo,

La gran superficie de este hace poco sensibles las oscilaciones verticales, y en cuanto á las laterales, debidas á cambios bruscos en la dirección de la corriente, pueden ser evitadas merced al *timón*, que está
situado en la parte inferior del globo y se halla constituído por un gran
saco que tiene la forma de una porción de toro, cuyo círculo generador
es de un diámetro sensiblemente mitad de el del globo. Este toro termina por su parte anterior en un trozo tronco-cónico, abierto por delante pará dar entrada al aire, con objeto de mantener henchido el timón, el cual está conectado por medio de patas de ganso á la *banda de
amarre* que rodea el cuerpo del globo en toda su longitud; en fin, dos
aletas de lona dispuestas lateralmente en el tercio superior de aquél,
contribuyen á dar estabilidad á la posición inclinada del globo, inclinación que suele ser de 20 á 30°. Este aerostato no lleva red.

La barquilla se une á las patas de ganso de la banda de amarre por
varios puntos convenientemente elegidos, para repartir bien los esfuerzos y mantener la estabilidad en todos los casos. Para que ésta sea la
mayor posible, se ha provisto al globo de una *cola*, cuyos elementos
están dispuestos de manera que resulte aumentada la presión del viento
sobre aquél.

La explicación precedente no puede servir más que para dar una
idea muy vaga del globo-cometa. Este es un elemento tan ingenioso
como complejo, y para el completo conocimiento de sus distintas partes se necesitan todas las figuras y todas las explicaciones que el Coronel Marvá consagró á este punto del programa.

VALOR PRÁCTICO DEL GLOBO-COMETA.—Si este aparato no evita en
absoluto las oscilaciones, resultan en él tan atenuadas, que las observaciones desde la barquilla son casi siempre posibles. Su eficacia en
todos terrenos y circunstancias atmosféricas; la facultad de orientarse
por sí mismo según la dirección del viento; la lentitud con que toma
los cambios de posición aun para las grandes ráfagas, y la posibilidad
de poderse mantener en el espacio por más tiempo que el globo esférico, hacen del cometa un instrumento de indiscutible valor táctico en
los Ejércitos. Su elevación es perfectamente posible en un 62 por 100
de días del año.

TIPOS DE GLOBO-COMETA.—La casa de Riedinger (Augsburgo) construye tres modelos distintos, cuyas principales condiciones se apuntan á continuación.

Modelo.	Diámetro. — Metros.	Longitud. — Metros.	Volumen. — Metros cúb.	Peso. — Kigs.	Precio. — Marcos.
-	6,3	22,5	635	345	13.150
-	6,82	24,35	805	380	15.170
3	7,8	27,35	1.205	515	20.000

El modelo 1 es reglamentario en el ejército alemán.

MODELO ESPAÑOL.—En España se ha hecho necesario adoptar un globo-cometa de gran cubo á causa de la elevación de las mesetas de Castilla, y en particular de la ciudad de Guadalajara, donde radica el Parque aerostático español. Esta mayor altura da menor densidad al aire desalojado por el globo, y consiguientemente menor fuerza ascensional, lo que impone la necesidad de mayores cubicaciones. Por tal razón, el Comandante de dicho Parque, Sr. Vives, ha creído necesario adoptar el modelo núm. 2.

La envuelta de dicho globo no se ha querido barnizar á causa de la efímera duración que tienen en España estas capas; en su lugar se ha empleado la capa de caucho entre dos telas.

El tipo de cable ahora en uso, no está definitivamente adoptado; en la actualidad se estudian las condiciones del cable prusiano, articulado en trozos de 100 metros, y las del austriaco, que es contínuo y tiene conductor telefónico en el alma.

Este globo-cometa da 60 kilogramos de fuerza ascensional, según resulta de los datos siguientes:

740 m.³ á 1 kilogramo de fuerza ascensional........   740 kg.

Globo.
- Envolventes, cámara de aire, timón y válvula...................... 257
- Cordaje........................... 80
- Barquilla......... 20
- Suspensión de la barquilla, aletas y cola 23

Cable (500 metros)................. 100
Aeronautas, 2 á 75 kilogramos,............. 150
Lastre y aparatos..................... 50

680 kg.

Fuerza ascensional excedente........ .. .. 60 kg.

Generadores y cilindros de campaña.

Generadores móviles de hidrógeno.—La imposibilidad de montar en campaña generadores fijos de hidrógeno, ha obligado á estudiar su aligeramiento para darles condiciones de transportación.

DIVERSOS TIPOS.—Con el indispensable auxiliar de la fotografía, explica el Coronel Marvá los sistemas *Yon* de generador sencillo y doble; el sistema del mismo autor para maniobra á mano; el propio sistema modificado por la casa Surcouf, de París, y en fin, el generador Renard, sin secador, adoptado en el ejército francés.

Estos tipos contienen los mismos elementos citados al tratar de los generadores fijos, bien que modificados en su forma y dimensiones para reunirlos del mejor modo posible sobre carros de cuatro ruedas. Todos los generadores transportables son de circulación continua y se fundan en la descomposición del agua por medio de las limaduras de hierro ó de zinc y del ácido sulfúrico.

INCONVENIENTES DE LOS GENERADORES MÓVILES.—Las primeras materias necesarias para producir el hidrógeno que un globo de campaña exige, representan un peso de 15 toneladas, número excesivo que aumenta el bulto de los parques aerostáticos en proporciones inadmisibles. Si además se tiene en cuenta el gran caudal de agua que requieren las reacciones químicas, y la dificultad de apurarlas en campaña, con el consiguiente desperdicio de los productos elementales, se comprenderá cuán graves son los defectos inherentes á esta clase de generadores.

TRANSPORTE DE HIDRÓGENO EN CÍLINDROS.—Huyendo de aquellos· inconvenientes se ha pensado en renunciar al acarreo de la materia bruta, transportando en cambio la materia útil, ó sea el hidrógeno, en vasos cilíndricos donde éste puede almacenarse á gran presión.

Las ventajas de este sistema son evidentes; el hidrógeno utilizado es mucho más puro, como producido con reposo y esmero en aparatos permanentes; la inflación es más fácil y rápida, y el peso muerto á transportar resulta considerablemente disminuído.

Cilindros.—Por tales ventajas, el sistema de conducción del· gas en cilindros metálicos está ya universalmente aceptado. La importancia de este nuevo elemento justifica la amplitud con que lo estudió el conferenciante.

FORMA Y DIMENSIONES.—Su forma es la de un cilindro terminado en casquetes, uno de los cuales contiene la válvula para la salida del gas. Sus dimensiones son:

Longitud.............	1 m. á 2,40 m.
Diámetro exterior....	140 mm. á 250 mm.
Espesores...........	5 mm. á 10 mm. (según el diámetro).
Peso................	40 kg. á 80 kg.
Capacidad en litros...	10 á 46.
Gas que contienen...	6 á 8 m³. (á 150 atmósferas).

METAL.—Debe conciliar las antagónicas condiciones de resistencia y poco peso. El estado actual de la metalurgia permite fabricarlos de una pieza y por embutición, con acero excelente, de gran tenacidad y mucha elasticidad para disminuir las probabilidades de explosión.

Los tipos ensayados en el Laboratorio de Ingenieros del Ejército, han dado los siguientes números:

TIPOS	Espesor.	Capacidad.	Peso.	Límite de elasticidad.	Fractura.
Mannesman........	10	42	84,3	310	450
Rheinischen.......	7	46,8	66	302	410
Brunon.	7	»	»	365	475

La carga de fractura resulta mayor de 55 kilogramos por mm², y el alargamiento es de 19 por 100.

CLASE DE PRUEBAS QUE SUELEN EXIGIRSE.—Suele fijarse á 300 atmósferas el límite de elasticidad, y la carga de fractura á 400 y aun más. Los tubos trabajan, como es natural, á presiones menores, que varían de 120 á á 150 atmósferas. Los tubos franceses trabajan á 200 atmósferas, pero este número se considera exagerado.

M

CILINDROS PARA EL PARQUE DE GUADALAJARA.—Tienen las condiciones siguientes:

Longitud entre las tangentes á las semi-esferas, 1 ^{m},50.

Diámetro exterior, 22 centímetros.

Espesor, 7 milímetros.

Tolerancias, 10 por 100 para espesores; 5 por 100 para pesos.

En las pruebas á que se han de someter para su recepción se esti-
pula que á 250 atmósferas no presenten deformación permanente, y que
en el ensayo por aplastamiento, las paredes interiores queden á 18
milímetros de distancia, doblándose aquellas sin presentar resquebra-
jaduras, cosa difícil de conseguir en los metales duros.

VÁLVULA DE CIERRE.—Hállase atornillada en uno de los casquetes
del cilindro. Cuando se abre la espita, el gas sale á chorro muy fino.
Sin las figuras explicativas de este mecanismo no es posible dar una
idea de su funcionamiento.

COMPRESIÓN DEL GAS.—Esta operación no se practica en campaña sino en los talleres del Parque permanente, donde se dispone de
los aparatos necesarios al efecto. Sirven para esto ciertas bombas especiales de gran potencia. El Parque de Guadalajara tiene una máquina
modelo Thirion, cuyos detalles dió el docto maestro.

Al material relacionado hay que añadir los juegos de colectores,
mangas, llaves y demás accesorios, que fueron también descritos.

Transporte de los cilindros.—La última parte de la conferencia
versó acerca de los medios empleados en los Ejércitos de Europa para
el transporte de los cilindros.

TRANSPORTE POR CARROS.—Los vehículos dedicados á este objeto
son de cuatro ruedas; su longitud depende de la que tengan los cilindros, y su batalla y elevación obedecen al número de aquellos que de-
ban conducir. Estos se disponen acostados y al tresbolillo por tongadas
horizontales y con las válvulas todas á un mismo lado, que es la trasera
del carruaje. Dichas válvulas están en comunicación con tubos de pequeño diámetro los cuales, á su vez, se conectan á un tubo colector
más grueso, donde existe una boquilla para empalmar la manga que
directamente ha de llevar al globo el gas contenido en los cilindros.
Estos carros son generalmente de un solo cuerpo, pero también pueden constar de dos partes articuladas: avan-tren y retrotren, como sucede con el carro alemán. Los pequeños tubos de conexión tienen la

necesaria curvatura para llenar su cometido, curvatura que en algún caso (carros alemanes) es la de una espiral, forma que responde á la conveniencia de dar á los tubos la mayor elasticidad posible como lo exige la violencia con que sale el gas.

DATOS RELATIVOS Á LOS DIVERSOS EJÉRCITOS.—Las disposiciones tomadas por los parques aerostáticos de Europa para la conducción de los cilindros de hidrógeno son, en esencia:

Inglaterra.—Carros con 15 cilindros. Peso del carro lleno, 1.800 kilogramos. Cada cilindro contiene 7,76 m³ de gas, á 101 atmósferas, pesando 65 kilogramos.

Alemania.—20 cilindros por carro, 15 en el retrotren y 5 en el avantren. Cada cilindro contiene 7 m³ de gas, á 200 atmósferas.

Italia.—30 cilindros por carro, con 7,30 m³ de gas cada uno, á 120 atmósferas, con peso de 40 kilogramos.

Francia.—8 cilindros de 3,50 metros de longitud por carro, á 35 m³ de gas, á 200 atmósferas.

España.—23 cilindros por carro, con un total de 136 m³ de gas,. á 150 atmósferas.

TRANSPORTE Á LOMO.—Este modo de conducción ha sido intentado, aunque con éxito escaso. Los italianos pusiéronlo en práctica en su campaña de Africa. Los cilindros, en número total de 80, se repartían entre 20 camellos, transportando así el gas necesario para un globo de 300 m³.

VIII

(Resumen de la octava conferencia.—7 Marzo 1902.—24 proyecciones fotográficas.)

LOS PARQUES AEROSTÁTICOS Y SU FUNCIÓN EN LA GUERRA

Parques aerostáticos. - Parques de campaña.—Composición.—Carro-torno.—
Diversos tipos.—Carros-torno de vapor, de petróleo y á brazo.—Carros de
transporte.
Organización y material aerostático de algunas naciones.—Inglaterra.—
Alemania.—Austria-Hungría.—Italia —España.
El globo cautivo en campaña.—Aspecto de la guerra moderna.—Las batallas
napoleónicas.—Los nuevos teatros y las nuevas reglas.—Crece la importancia
de los medios informativos.—Función del globo cautivo.—Su potencia visual.
—Objeciones á la utilidad de los globos cautivos.
El tiro contra el globo.—Balística de efectos.—Acción de los distintos proyectiles sobre el globo.—Cuáles se deben emplear.—Eficacia del tiro.—Determinación práctica de la zona peligrosa.—Experiencias y resultados.

Parques aerostáticos.

Parques de campaña.—El estudio y el ejercicio de la aerostación realizados en circunstancias normales, constituyen una empresa eriza-
da de arduas dificultades y de serios peligros; pero cuando se trata
de reglamentar y reunir en cuerpo uniforme y organizado la variedad
de elementos que intervienen en esa ciencia; cuando se quiere articular
esos elementos metódicamente para constituir un arma útil á las operaciones de la guerra, entonces las dificultades se centuplican y los
problemas se amontonan alrededor de ese complejo y delicado mecanismo que se llama *Parque aerostático de campaña*. Todos los componen-

tes se condensan en él, reduciéndose y aligerándose para formar un todo armónico, un cuerpo vivo que avance y retroceda, que marche y repose, que flanquée la colina y trasponga la sierra, que se baste á sí mismo y no embarace á las tropas, que descubra todo el horizonte y se oculte á las miradas enemigas. Para conseguir esto se necesitan todas las ciencias, todos los talentos y todos los días de la paz.

COMPOSICIÓN.—Los órganos constituvos de un Parque aerostático son: de generación, de transporte y de utilización, figurando en este último grupo los globos y elementos necesarios para su maniobra. Se ha dicho ya en conferencias anteriores que los órganos de generación tienden á desaparecer de los Parques de campaña, sustituídos por los cilindros de hidrógeno transportados en carros especiales, tomando así la unidad aerostático-militar una estructura más conforme con las exigencias de movilidad de la guerra moderna.

Explicado ya en dichas conferencias el material de generación, el de transporte y el aerostático propiamente dicho, queda tan solo reseñar el que sirve para retener el globo cautivo, y á su estudio se encaminó el ilustre maestro del modo que abreviadamente vamos á exponer.

Carro-torno.—Es así llamado porque en él se arrolla y desarrolla el cable de retenida, sirviendo como punto de amarre al globo cautivo. Este cometido del carro daríale ya gran importancia si no la tuviese además por la influencia que la disposición del torno ejerce sobre la rapidez de ascenso y descenso, así como por la facilidad de trasladar el aerostato. Tales razones justifican el interés con que los aeronautas militares han estudiado este vehículo, hoy indispensable desde que el alcance de las armas ha obligado á buscar gran elevación, haciendo imposible las maniobras á brazo.

Diversos tipos de carro-torno.—Casi todos ellos descansan en cuatro ruedas por el intermedio de fuerte ballestaje; algunos están articulados en avantren y retrotren.

El movimiento del tambor se obtiene mecánicamente ó á brazo. En el primer caso la clase de motor varía según los tipos; estos fueron descritos á la vista de las proyecciones respectivas.

CARROS-TORNO DE VAPOR.—Todos los de este género comprenden elementos comunes, tales como la caldera, el inyector, el depósito de agua y el órgano motor que actúa sobre las transmisiones encargadas de hacer girar el tambor ó torno situado hácia el centro del carruaje.

Sistema Yon.—Se distingue por las siguientes particularidades: caldera vertical de ocho caballos; árbol motor con 200 revoluciones por minuto; aptitud de arrollamiento, 50 metros por minuto, es decir, que para cobrar la totalidad del cable (500 metros) y recoger el globo se tardan 10 minutos. Este carro no se acomoda bien á las maniobras con el globo-cometa y se la achacan los inconvenientes que provienen de su debilidad.

Carro-torno del Ejército francés.—En éste, como en el anterior, la fuerza ascensional del globo es suficiente para poner en movimiento el torno. Su velocidad de repliegue es de 150 metros por minuto, y la fuerza de su motor, 10 caballos. El arrastre de este carro exige un tiro de tres parejas.

Carro-torno ligero de Surcouf.—Se distingue por su poco peso. Empléase para retener un globo auxiliar que eleve tan sólo á un aeronauta. Su cable, de 500 metros, es de acero.

CARROS-TORNO DE PETRÓLEO.—Los motores alimentados con este aceite permiten reducir el volumen y el peso de estos carros, amén de otras ventajas capitales, como las de rápida puesta en marcha y evitación de toda chispa que pueda pegar fuego al globo cuando éste se halla cerca del carro.

Carro-torno equilibrado de Surcouf.—El de vapor, del mismo autor ya citado, ha sufrido las modificaciones consiguientes al cambio de máquina motora. Es bastante ligero, y sin necesidad de furgón puede conducir provisiones de agua y petróleo para diez horas de funcionamiento.

CARROS-TORNO MANIOBRABLES Á BRAZO.—Aunque menos perfectos y potentes desde el punto de vista mecánico, tienen éstos carros la ventaja de suprimir el peso y el bulto del motor, lo que les da una ligereza que no puede alcanzarse con los tipos de vapor y petróleo.

Fueron examinados los modelos *Yon* y *Lachambre,* así como el de *Surcouf,* de avantren y retrotren, propio para los países de montaña, y caracterizado por ser de maniobra automática.

Carros de transporte.—Desde el punto de vista técnico nada ofrecen de particular los vehículos destinados al transporte de las envolventes, redes, cordaje, barquilla, herramientas, agua, carbón, etcétera, etcétera, que indispensablemente han de acompañar á las secciones aerostáticas.

Organización y material de algunas naciones.

Conocidos todos los elementos que competen á la aerostación militar, procede inquirir ahora las disposiciones de conjunto que á dichos elementos se ha dado en los distintos ejércitos de Europa. Siguiendo este orden lógico, entra el Coronel Marvá en tan importante cuestión, aduciendo copiosos datos de los cuales apuntamoos los siguientes:

Inglaterra.—Dispone esta nación de un gran depósito de material y personal, de donde se sacan todos los elementos cuando, al pasar al pie de guerra, se organizan las secciones.

ORGANIZACIÓN DE UNA SECCIÓN.—*Material:* Dos globos esféricos de 240 á 290 m.³ y otro más pequeño; un carro de material, un carro-torno á brazo, y cuatro carros de cilindros; 20 caballos de tiro y tres de silla.

Personal: Un Capitán, dos Tenientes y 40 soldados.

Alemania.—En esta nación se ha dado gran empuje al servicio aerostático desde el año 1884 en que se creó una sección con un Capitán, tres Tenientes y 33 hombres, cuyo efectivo fué aumentado tres años después. En 1890 se creó otra sección, y en 1899 estas secciones se convirtieron en dos compañías. Hoy existe un batallón acuartelado en Tegel, cuyas unidades tienen los elementos siguientes:

ORGANIZACIÓN DE UNA SECCIÓN.—*Material:* Un globo-cometa de 640 m.³, otro de señales y otros para ascensiones libres. Un carro de material, seis carros de cilindros y un carro-torno, del que se está ensayando un tipo automóvil.

Personal: El que se ha mencionado arriba.

Existen además algunos parques de plaza.

BABIERA.—Tiene una compañía, con Parque en Munich.

Austria-Hungría.—En 1890 se organizó el primer curso práctico de aerostación militar bajo la dirección de Silberer, aeronauta civil que instruyó á gran número de Oficiales en copiosas ascensiones libres. En 1893 fué creado en el Arsenal de Viena un establecimiento militar, Parque y estación de estudios y experiencias á un tiempo, donde reciben instrucción aeronáutica Oficiales de todas las armas. Es, pues, un Depósito-escuela.

En 1895 figuraron ya en las maniobras imperiales dos secciones aerosteras, cuyo servicio alcanzó un exito lisonjero. Desde la fecha citada va propagándose de día en día la instrucción aeronáutica, gracias á las instalaciones realizadas en las principales plazas fuertes.

Material.—Es reglamentario el globo-cometa de 640 m³.

Italia.—El servicio aerostático fué introducido en 1885, año en el cual se creó una *compañía especialista* dotada con material sistema Yon y á la que dos años después se encomendó el servicio foto-eléctrico, recibiendo entonces su organización definitiva.

En 1892 se organizó la segunda compañía de *aerosteros-electricistas*, formando con la primera una *Brigada* afecta al tercer Regimiento de Ingenieros;

Material.—El que adoptaron en un principio fué, como se ha dicho, del sistema Yon, clasificado en tres tipos: pesado, ó de *plaza;* ligero, ó de *campaña*, y muy ligero, ó de *montaña*, habiéndose suprimido este último.

Recientes modificaciones é importantes progresos, entre los que citaremos la creación de Parques de plaza y de campaña, y la adopción reglamentaria del globo-cometa, han colocado á gran altura la organización aerostática del Ejército italiano, así como la bondad del material en él empleado. Los globos que usa son de seda italiana de 540 metros cúbicos, aptos para embarcar á dos ó tres personas. El hidrógeno se prepara por los métodos de vía húmeda ó por el electrolítico, y se encierra en cilindros de acero á 125 atmósferas.

El material de una unidad es: un carro de torno, otro de transporte y seis de cilindros.

España.—En 1884 se creó un Parque aerostático afecto á la cuarta compañía del batallón de Telégrafos, pero no comenzó á funcionar hasta el año 1889, época en la cual se adquirió un tren sistema Yon.

Pero un servicio de tal importancia no podía desenvolverse dentro de los límites trazados por otras funciones colaterales del mismo batallón, y como era de esperar, se acordó la completa independencia del *Parque aerostático*, intalándolo en Guadalajara bajo la dirección inteligente y activa del Comandante Vives, que es á la vez Jefe de la *Compañía de Aerostación.*

El globo cautivo en campaña.

Aspecto de la guerra moderna.—Ultimadas las nociones relativas al material, parece llegada la ocasión de sugerir el conocimiento de sus aplicaciones. A partir de este punto entra la conferencia en un período brillante del más vivo interés. El panorama de la nueva guerra con sus enormes contingentes, su material copiosísimo, sus dilatados campos de batalla, sus enjambres de tiradores invisibles; el alcance y efecto de las armas actuales, el aprovechamiento de los obstáculos, la influencia de los nuevos medios, todo esto y su estudio paralelo y comparativo con los antiguos procedimientos para deducir la inmensa utilidad actual de los globos militares, constituyeron el asunto de esta parte de la conferencia, verdadera obra maestra de la que no podemos dar siquiera el programa completo.

LAS BATALLAS DE OTRO TIEMPO.—Sin remontarse á las campañas ejemplares de Federico y Gustavo Adolfo, basta una simple ojeada sobre el tablero de las batallas napoleónicas para comprender de qué modo en las actuales se acrecenta la necesidad de aplicar los globos cautivos.

En los álgidos días del primer Imperio se agigantan los medios de ataque, las fuerzas llegan al paroxismo del impulso y el alma ubicua del Coloso palpita en todas partes con las ráfagas huracanadas de una ofensiva irresistible. La guerra entonces deja de ser local y se hace universal; el escenario se agranda y el drama se convierte en tragedia; los efectos son más intensos y la emoción más profunda.

Pero si los medios se vigorizan, y la estrategia se desenvuelve, y la guerra toma por teatro á todo un Continente, y, en fin, las velocidades se multiplican por el espíritu arrollador del Corso genial, adviértase que la zona táctica no ensancha y que las partidas siguen jugándose con el mismo tablero de Gonzalo y de Turena. El General mueve sus batallones como el ajedrecista sus piezas, y desde lo alto de la meseta divisa los varios accidentes de la lucha. En esos combates nada escapa á la olímpica mirada del Emperador, y en ellos todo es manifiesto y ostensible: las obras, por sus vivas aristas; la Infantería, por el vistoso color de las casacas; los escuadrones, por los reflejos de sus corazas bruñidas; el cañón, por la inmensa humareda de las baterías de 80 piezas.

Y para que allí sea todo alardoso y descubierto, las masas se acometen á la bayoneta, se toman los reductos á caballo y los cuarteles generales guían el ímpetu á la cabeza de las columnas. El primer tajo en la carga, es el de Murat; el último disparo en la retirada, el de Ney, y en lo más recio del combate piafan los blancos caballos de la carroza de Massena. Son, en otro marco, los desplantes gallardos de Suero de Quiñones y García de Paredes, los refulgentes, pero últimos destellos, del hombre-poder en las luchas armadas. En tales batallas bástale al caudillo su genio, los gemelos de campaña y unos cuantos caballos ensillados.

LOS NUEVOS TEATROS Y LAS NUEVAS REGLAS.—Las batallas de nuestro tiempo reclaman espacios tan vastos, que no es posible á un General el abarcarlos. El alcance de las armas impone distancias de combate cada vez mayores; la extensión de los frentes es consecuencia ineludible de los nuevos órdenes delgados, y la moderna teoría de la nación en armas, llevando al ejército la mayor suma de las fuerzas vivas del país, acumula tan crecidos contingentes y tan copioso material en los campos de batalla, que éstos abrazan hoy los pueblos separados por leguas, como antes abrazaban las granjas separadas por setos.

Este desarrollo en las distancias, impuesto por el alcance de las armas, no es la única revolución operada en el combate moderno. La extraordinaria precisión del tiro y su energía destructora obligan á desenfilar las masas y á buscar protecciones que no pueden encontrarse ya en el peto de metal ni tras la cerca de madera. Los atrincheramientos han tenido que abandonar sus artísticos perfiles, y los uniformes sus colores llamativos y alegres; la hueste se oculta en los pliegues del terreno, y la línea de tiradores desaparece de las vistas; la clásica bayoneta se ha perdido, y la briosa columna se ha roto en cien pedazos; la misma pólvora rasga el ampuloso cendal de su tocado y renuncia para siempre al blanco plumaje de su penacho escandaloso.

CRECE LA NECESIDAD DE INFORMACIÓN.—Si por una parte se amplía la zona táctica y por ótra los combatientes se ocultan, es obvio hasta la evidencia que en las mismas proporciones disminuye la eficacia de la acción ocular, y que por tanto las necesidades de información toman el carácter dilemático y fatal de vida ó muerte.

Las batallas modernas no abrazan los varios tiempos de una tragedia, sino varias tragedias en un solo tiempo. El panorama es ilimitado y no tiene punto de vista. Para estas batallas no hay gemelos que valgan ni edecanes que basten. Subir á la colina es muy poco; se necesita llegar al nido del águila; se necesita... el globo.

Función del globo cautivo.—Entre los medios posibles para la exploración del campo de batalla, $ninguno$ tan eficaz como el globo, porque es el único que puede elevarse sobre las más altas masas cubridoras, escudriñar el terreno en proyección horizontal y extender el radio de los reconocimientos hasta un límite capaz de satisfacer las exigencias del combate moderno.

El globo cautivo realiza su preciosa misión en las guerras campales y en la guerra de sitios; en provecho de la ofensiva como en favor de la defensiva; en las tres situaciones de un ejército y en los tres períodos del combate; en todos los momentos y en todas las situaciones, porque en el duelo de los ejércitos, más que en el duelo de los caballeros, la vista es la cualidad por excelencia; en los lances de honor basta cubrir el pecho, pero en los lances de la guerra no se sabe jamás por dónde vendrá la estocada.

El globo simboliza los cien ojos de Argos: *antes del combate* divisa el bulto y calibre del adversario, la fuerza y composición de cada cuerpo, la dirección de su marcha y la situación de las reservas, el emplazamiento de las obras y los puntos vulnerables de cada una; el aeronauta, en fin, volviendo los ojos á retaguardia, registra el campo propio, advierte al General que las tropas están en sus puestos, que la división X acaba de incorporarse á la segunda línea, ó que la brigada Z viene por tal camino con tanto tiempo de retraso.

Durante el combate sigue, teléfono en mano, las peripecias de la lucha, acecha los amagos y los movimientos envolventes, distingue las falsas diversiones de los verdaderos ataques, denuncia los puntos flacos del enemigo, avisa las vacilaciones de tal ó cual fracción amiga, y como la ninfa Egeria del General en Jefe, desliza en sus oídos el secreto de la victoria.

Después del combate, en la persecución ó en la retirada, delante de la plaza ó dentro del cerco, en la defensa de las costas y en las operaciones del desembarco, allí donde se necesite observar y descubrir, prevenir y guardar, allí tienen los globos cautivos su misión salvadora é insustituible.

El Coronel Marvá ilustra esta parte de la conferencia con abundan-
tes ejemplos de las guerras contemporáneas, conducentes á probar que
la oportuna intervención del globo cautivo hubiera evitado la derrota
en repetidas ocasiones.

Potencia visual del globo.—El rayo de visibilidad de un globo cautivo se mide por la fórmula $R = 3570^m \sqrt{h}$, en la cual h representa la
altura de la barquilla. Esta expresión conduce á valores en general
excesivos. La teoría no puede resolver exactamente una cuestión que
descansa en factores tan variables como la visión individual y el hábito
de mirar á distancia. Prácticamente, la potencia visual del globo cautivo, según experiencias realizadas y comprobadas personalmente por
el Coronel Marvá, es la siguiente:

ALTURA metros.	DISTANCIA kilómetros.
100	35,7
200	50,5
300	61,8
500	79,8
800	100,9

Objeciones á la utilidad de los globos cautivos.—Las que se han hecho son de bien escaso valor, y algunas tan fútiles que no vale la pena
de señalarlas.

1.ª Que el globo puede ser empleado también por el enemigo.—En
el mismo caso están todas las armas.

2.ª Instabilidad de la plataforma del globo é imposibilidad de utilizarlo en días de viento.—Ya se ha visto cómo el globo-cometa elimina
prácticamente ambos defectos; el hábito del observador hará lo demás.

3.ª La bruma y otros fenómenos meteorológicos pueden anular la
acción visual del globo.—Lo mismo sucede con los anteojos, con los
aparatos de telegrafía óptica, con la vista humana y con todos los artificios conocidos para descubrir á distancia.

4.ª Las armas de fuego pueden destruir el globo cautivo.—A esta
objeción, única digna de ser discutida, contestó el sabio Coronel con
una teoría completa que, por su extensión, merece capítulo aparte.

El tiro contra el globo.

Balística de efectos.—Los producidos en el globo por las distintas . clases de proyectiles empleados hasta hoy en la guerra, se resumen á continuación.

Bala de fusil.—Para dar idea de su lenidad bastará decir que los agujeros abiertos en la envuelta determinan tan pequeños escapes, que el globo se mantiene en el aire sin pérdida sensible de altura durante algunas horas.

Granada de percusión.—En el caso general de atravesar al globo de parte á parte, su descenso se verifica muy paulatinamente. Si el proyectil estalla en el interior, se produce la explosión del hidrógeno, y huelga decir cuál es la suerte del globo y de su tripulación.

Granada explosiva ó shrapnel.—Si estalla delante del globo, el número considerable de agujeros abiertos en la envuelta determinan el descenso de aquél, pero esto sucede de modo lento, con velocidad siempre menor de 3 á 4 metros por segundo. El globo baja como un para-caídas, y por tanto, sin riesgo para el aeronauta. Los desperfectos ocasionados se reparan fácilmente y el globo queda listo en poco tiempo.

PROYECTILES QUE CONVIENE DISPARAR CONTRA EL GLOBO.—Para este objeto debe desecharse la granada de percusión, puesto que no es posible hacer la observación ni la corrección del tiro.

El proyectil empleado debe tener espoleta de tiempos, toda vez que el globo no ofrece resistencia al choque.

En estas condiciones pueden ser empleados:

1.º La *granada explosiva*, que no es el más indicado por la índole del blanco.

2.º El *shrapnel*, proyectil por excelencia, tanto por ser el único cuyo tiro puede regularse, como por el cono de dispersión que al abrirse puede dar un buen factor de probabilidad.

Eficacia del tiro; zona peligrosa.—En las principales naciones (cuyo poderío se ha logrado por el interés y los recursos concedidos á la perfección de los medios de guerra) se han llevado á cabo experiencias tan prolijas como costosas, para llegar á conclusiones ciertas en cuanto se refiere á la vulnerabilidad del globo atacado por la Artillería. Véase un esquema de los ensayos más notables.

ESTUDIOS EXPERIMENTALES.—Uno de los primeros estudios realizados se verificó en

Inglaterra.—Lanzado un globo en Dangeness á 240 metros de altura y á 2.000 de una pieza de fuego, al segundo disparo vino abajo el globo.

Alemania.—En 1886 se dispuso en Tegel un batería de seis piezas asestada contra un globo á 1.200 metros de distancia y 400 de altura. Al cabo de varios disparos y después de repetidas correcciones en el tiro, el globo fué tocado y descendió.

En Kummersdorf (1887) se disparó contra dos globos distantes 5.000 metros y á 200 de altura; uno cayó al 10.º disparo y el otro al 26.

Rusia.—En 1891 fueron emplazados cuatro cañones ligeros de de campaña contra un globo de 640^{m3} situado á 3.200 metros y 200 de altura; un observador, á distancia lateral de un kilómetro, transmitía por teléfono las indicaciones necesarias para la corrección de alza y espoleta. Al disparo 30 el globo fué tocado por 25 balines y cinco cascos.

Austria-Hungría.—En 1901, una batería de nueve piezas de 9 centímetros necesitó hacer 20 disparos para tocar á un globo situado á 400 metros de distancia.

Recientemente se han efectuado en Alemania otros ensayos contra un globo á 4.500 metros y 300 de distancia y altura respectivamente; un cañón de campaña le hirió al disparo 17.

Objeción á estos resultados.—Se desprende de estas experiencias que para elevaciones menores de 300 metros, el globo es tocado, aunque difícilmente, pero si se atiende á que las condiciones del tiro en el polígono son de todo en todo favorables al ataque, se comprenderá cuán mezquina es en la práctica la probabilidad de hacer blanco. Pero esta probabilidad puede decirse que no existe cuando el globo asciende á mayores alturas, según lo acreditan otras experiencias.

PRUEBAS DECISIVAS EN FAVOR DEL GLOBO.—En Austria (1894), para llegar á herir á un globo cautivo situado á 3.750 metros y 800 de altura, hubo necesidad de hacer 65 disparos, esto con distancia y altura bien determinadas.

En Austria también (1895), una batería de ocho piezas á ocho centímetros, emplazada en el polígono de Steinfeld, disparó 80 shrapnels (que suponen 10.000 balines y cascos) contra un globo de 10 metros de diámetro, distante 5.300 metros de la batería y á 800 metros

de altura, sin obtener el menor resultado. Fué preciso disparar por ángulos de 25 á 27°, lo que obligó á enterrar la cola de pato.

Finalmente, una serie de experiencias hechas en Bourges (Francia—1892) demostró que más allá de 5.000 metros y á 800 metros de
altura, es casi imposible tocar á un globo cautivo. Tales son los límites
de la zona peligrosa.

Causas que dificultan el tiro contra el globo.—Se comprende
sin esfuerzo que lo reducido del blanco, supuesto á varios kilómetros, su elevación sobre el suelo y la movilidad de que suele estar
animado, no son circunstancias que ayuden la eficacia del tiro. Para
dar á éste alguna garantía de acierto es preciso el empleo de telémetros
instantáneos ó la práctica de observaciones al extremo de una base
medida.

Por lo demás, el globo puede burlar esos asomos de probabilidad,
aun dentro de la zona peligrosa, ya subiendo á 800 metros, ya subiendo, bajando y caminando lateralmente, ya acercándose ó alejándose.
En fin, el uso de la pintura azulada es otra defensa que, al borrar el
blanco, hace imposible toda puntería.

Conclusiones.—Si después de discutir las razones y experiencias
recapituladas tenemos también en cuenta que la destrucción del globo
no debe ser más que un objetivo eventual de la Artillería, porque sus
fuegos no pueden consagrarse á salvas quiméricas cuando importa y
apremia derribar el obstácnlo y acribillar las masas, podremos establecer
con toda la autoridad de la lógica las siguientes consecuencias:

1.ª El globo cautivo situado á 800 metros de altura y distante
5.500 metros de las piezas de campaña, ó á la misma altura, y 6.500
metros de las de sitio, es invulnerable.

2.ª El globo libre puede considerarse invulnerable á cualquier distancia de las bocas de fuego para elevaciones superiores á 1.200 metros.

IX

(Resumen de la novena conferencia.—14 Marzo 1902.—Proyectáronse 25 fotografías.)

LA FOTOGRAFÍA EN GLOBO—APLICACIONES VARIAS

Fotografía en globo cautivo —Generalidades.—Condiciones del problema.—Influencia de la luz, de la pureza del aire, de la altitud y de los movimientos del aerostato —Circunstancias generales que deben reunir los aparatos.—Cuáles son los más convenientes.—Aparatos simples. —Tele-objetivos· —Fotografías obtenidas por el Parque de Guadalajara.

Fotografía en globo libre.—Caracteres —Precauciones.—Ejemplos de fotografías.—Servicios que el globo libre puede prestar á la fotografía.

Otras aplicaciones de los globos.—Globo cautivo: sostenimiento de antenas; señales; guerra naval,—Globo esférico libre.—Globos dirigibles. - Lanzamiento de proyectiles.

Las ascensiones libres.—Preparativos.—Inflación.—Ascensión.—Velocidades.—Variaciones de la fuerza ascensional.—Impresiones del viaje aéreo.

Fotografía en globo cautivo.

Generalidades.—La idea de utilizar el globo como medio para representar el terreno, debió surgir en la mente del primer aeronauta cuando, asomado á la barquilla, se absortó en la contemplación de un panorama inmenso. El globo daba la elevación, las ventajas del punto de vista, pero no la estabilidad que el pincel exige. Para llegar al ideal era preciso substraerse al movimiento por la acción del instante, tirar el caballete y montar la cámara, rasgar el lienzo y coger la placa, romper la paleta y enfocar el objetivo. Esto es lo que hizo el arte maravilloso de Daguerre.

A partir de ese momento ábrense nuevos horizontes á la topografía.

M

Nada de pantómetras ni planchetas; nada de cintas ni cadenas arrastradas lenta y penosamente un mes y otro mes; nada de banderolas ni equipajes engorrosos, porque gracias al globo y á la cámara oscura, la representación del terreno es obra de una lente, de una placa y de un instante.

Estos ensueños no tardaron en realizarse. Nadar, el famoso aeronauta del *Gigante*, marcó los primeros pasos, y poco después, La Montaip y Allain, en la guerra de Secesión, dieron á la fotografía en globo el carácter de las cosas reales.

Condiciones del problema.—La telefotografía en globo, de un orden más complejo que la fotografía de salón, debe satisfacer á condiciones excepcionales que el Coronel Marvá discute detalladamente.

Influencia de la luz y de la pureza del aire.—A elevaciones mayores de 500 metros, la superficie terrestre aparece velada por una ligera bruma que forma el vapor de agua de la atmósfera y cuya densidad es mayor durante las horas de la mañana. Esta bruma hace confusos los objetos lejanos y resta nitidez á las imágenes fotográficas, sobre todo cuando se impresionan los objetos de lugares habitados, los cuales hállanse ordinariamente envueltos por una espesa nube de polvo, que no desaparece sino después de las lluvias.

Para oponerse á la perniciosa influencia de estas causas, interesa:

1.º Emplear objetivos muy claros que den á las imágenes el mayor relieve posible.

2.º Máximo tiempo de exposición compatible con los movimientos de la nave.

3.º Emplear placas rápidas de grano muy fino para que las ulteriores ampliaciones no resulten borrosas.

Influencia de la altitud.—Esta debe ser la mayor posible, por dos razones: 1.ª, porque cuanto menor es la elevación más se ocultan ó superponen los objetos, con lo cual no se descubren muchos detalles cuyo conocimiento puede interesar; 2.ª, porque cuanto mayor es la altura, más normal es el rayo luminoso, y menor puede ser el espesor de las capas atmosféricas que obran como medios absorbentes de la luz.

Influencia de los movimientos del aerostato.—Estos movimientos pueden reducirse á tres:

1.º *Traslación.*--El globo se mueve paralelamente á sí mismo, lo que no se opone sensiblemente á la claridad de la imagen siempre que se arregle el tiempo de exposición á la velocidad de marcha, que es la del aire, pues entonces el desplazamiento de la imagen en la placa no pasa de $1/10$ milímetros.

2.º *Rotación.*—El globo gira alrededor de su eje. Si el movimiento es rápido, los desplazamientos de la imagen en la placa son grandes, y para reducirlos al límite de $1/10$ de milímetro sería necesario dar exposiciones menores de $1/1000$ de segundo, lo que obligaría á emplear objetivos y placas de rapidez inusitada. En los globos cautivos la rotación es oscilatoria, es decir, que el globo gira en un sentido y se detiene un instante antes de girar en sentido contrario. Este instante ó *punto muerto* es el que debe aprovechar el aeronauta para maniobrar el obturador.

3.º *Trepidación.*—Debido á los movimientos que ejecuta el aeronauta y á otras causas exteriores, como son el desarrollo del cable de retenida y el transporte del globo cautivo. El modo de atenuar los efectos de estas sacudidas consiste en fijar la cámara á la navecilla por la interposición de un almohadillado que absorba las vibraciones.

Circunstancias generales que deben reunir los aparatos.—En conclusión, deduce el Coronel Marvá que el equipaje fotográfico del aeronauta exige:

Una alidada para facilitar la puntería.

Objetivos claros y de gran potencia óptica para obtener pruebas limpias á distancias mayores de cinco kilómetros.

Obturadores reglabes á voluntad para dar el tiempo de exposición conveniente á cada caso.

Cámara maciza y acolchada con el objeto que ya se ha dicho.

Hacer las impresiones en la segunda mitad del día y aprovechar el instante de un punto muerto, empleando placas rápidas y de grano fino.

Aparatos que se deben emplear.—Los aparatos que convienen para la fotografía á grandes distancias ó telefotografía, son á los de la fotografía ordinaria como la simple vista es á la visión por el anteojo. Para que la fotografía en globo proporcione las informaciones que un Estado Mayor necesita, es preciso que los clichés obtenidos den las imágenes con dimensiones superiores á las que ofrecen los objetos á la visión directa, de tal suerte que miradas las positivas á través de la lupa, puedan apreciarse ciertos detalles, tales como el número de las piezas de artillería, importancia numérica de los destacamentos, diversidad de uniformes, etc.

Estos datos pueden obtenerse tan solo á favor de aparatos de dos clases; aparatos simples de largo foco y aparatos compuestos, ampliadores, ó tele-objetivos.

APARATOS SIMPLES.—El poder amplificador es proporcional á la distancia focal principal; estas distancias varían prácticamente de 0,25 á un metro. La imagen de un objeto de 20 metros de altura situado á un kilómetro de distancia, es de 5 milímetros en la placa cuando se emplean objetivos de 0,25 metros de distancia focal. Estos objetivos deben ser, pues, de largo foco y de un diámetro proporcional á esta distancia, con objeto de no tener que aumentar el tiempo de exposición, como tendría que suceder si se emplearan diafragmas pequeños. El campo, es decir, el mayor ángulo que pueden formar entre sí los ejes secundarios sin perjuicio de la claridad de la imagen, tendrá que ser forzosamente reducido, so pena de corregir con disposiciones especiales las aberraciones producidas por los rayos oblícuos, ó perder en nitidez.

TELE-OBJETIVOS.—Cuando las pruebas obtenidas con los aparatos simples no den suficiente detalle, pueden agrandarse las imágenes por los procedimientos ordinarios de la ampliación fotográfica, siempre que la bondad de la prueba lo aconseje; pero si esta ampliación quiere obtenerse directamente, precisa usar los tele-objetivos, que son anteojos terrestres aplicados á la fotografía. Las ventajas que en punto á mayor ampliación permiten los tele-objetivos, no se obtienen sino á expensas de la claridad. La dificultad de enfocar, la exposición prolongada y lo limitado del campo, son también inconvenientes que limitan el uso de estos tipos.

CUÁLES CONVIENEN.—Por las razones expuestas suele darse la preferencia á los aparatos de largo foco provistos de alidada ó *buscador*, los cuales, como se ha dicho, dan clichés muy limpios que pueden ampliarse para obtener el aumento de los detalles que interese conocer. La porción de terreno que puede comprenderse dentro del campo del objesivo (con los de un metro de foco) es de 900 á 1.000 metros de anchura desde la distancia de cinco kilómetros.

Las placas que deben emplearse son las extra-rápidas para exposiciones de $^1/_{15}$ á $^1/_{50}$ de segundo, pero aun así es difícil obtener clichés limpios, á causa del velo que producen los objetos lejanos. **Las** placas *orto-cromáticas* han venido á mejorar notablemente los resultados, merced á la mezcla de bromuro de plata con ciertas substancias colorantes que dan á la película el máximo de sensibilidad á la acción de la luz amarilla y verde de los campos y los bosques, disminuyendo en cambio la que tienen las ordinarias para el color azul, eliminando así las tintas del paisaje que obran perjudicialmente sobre la placa. El principal defecto de las orto-cromáticas estriba en el mayor tiempo de exposición que necesitan, pero este inconveniente va reduciéndose con los progresos de la química-fotográfica.

Fotografías obtenidas por el Parque de Guadalajara.—Para terminar esta parte de la conferencia, el Coronel Marvá exhibió en el telón de proyecciones varias pruebas sacadas por nuestro Parque aerostático, haciendo sobre cada una observaciones pertinentes acerca de la necesidad de habituarse á la lectura de estas vistas para interpretar debidamente los detalles del terreno. Las fotografías proyectadas fueron: la Presa del molino de Moyarniz entre Guadalajara y Azuqueca, el pueblo de Alobera, el de Azuqueca, y la finca denominada de Acequilla, frente á dicho pueblo de Azuqueca.

Fotografía en globo libre.

Caracteres.—La obtención de fotografías desde el globo libre es más fácil que desde el cautivo. Se puede enfocar á pequeñas distancias ó según la vertical de la navecilla. Operando á elevaciones menores de 2.000 metros se obtienen buenos resultados con aparatos simples de 0,25 á 0,30 metros de distancia focal.

PRECAUCIONES PARA EL ATERRAJE.—Los aparatos fotográficos deben ser de manejo fácil, muy sólidos y no susceptibles de padecer deterioro por los choques eventuales que puedan sufrir en razón de las sacudidas del globo en el momento de tomar tierra.

Con este objeto la cámara se asegura en el borde de la nave con las precauciones debidas.

EJEMPLOS DE FOTOGRAFÍAS EN GLOBO LIBRE.—Aparecieron sucesivamente cuatro vistas de Guadalajara y sus inmediaciones; dos del río Tajuña, cerca de Carabaña, y otra de Belmonte del Tajo, todas ellas obtenidas por el Parque de Guadalajara.

Servicios de la fotografía en globo libre.—Sea este de forma esférica ó alargada, su aplicación á la fotografía será de gran interés en los varios accidentes de la guerra de sitios. El sitiador, eligiendo un punto de partida en consonancia con la dirección del viento, podrá lanzar globos libres que pasen, á conveniente altura, por encima de la plaza, los cuales descenderán en lugar seguro después de haber fotografiado los sectores de la defensa.

En el reconocimiento de fronteras tendrá utilísimo empleo la fotografía en globo libre, como medio de obtener vistas extensas, tomadas desde gran altura, sea con tele-objetivos ó con aparatos de largo foco, procurando así al Estado Mayor preciosas reseñas acerca de la situación relativa de las obras enemigas, relieves generales y otras disposiciones de conjunto.

Otras aplicaciones de los globos.

Globo cautivo.—De índole tan amplia es la eficacia virtual de este elemento, que de día en día descúbrense nuevos horizontes á su empleo. El ilustre conferenciante dió á conocer las siguientes aplicaciones de provecho indudable para las operaciones de la guerra.

SOSTENIMIENTO DE ANTENAS—Como ya se apuntó en la primera conferencia, la telegrafía sin hilos ha encontrado en el globo cautivo el medio único y seguro de llevar la onda hertziana de uno al otro continente. Marconi ha conseguido su reciente triunfo dando á las antenas de sus aparatos una gran elevación á favor de los globos cautivos.

TRANSMISIÓN DE SEÑALES.—Pueden éstas hacerse: de día por medio de banderas; de noche, con luces desde la navecilla ó fuera de ella, ya suspendiéndolas en la vertical de la misma, ya utilizando la cola del globo-cometa para fijar banderolas de formas y colores convenidos.

GUERRA NAVAL.—En ella es de gran importancia el papel del globo cautivo, tanto en alta mar como en las operaciones costeras.

En alta mar.—El conferenciante demuestra que son poco probables en el porvenir los grandes choques de la guerra de escuadras, donde, como en Trafalgar, se juega en un instante el poder marítimo de una nación. Los encuentros aislados, los golpes de detalle, los apresamientos parciales, el corso, la guerra de ardides y de singladuras forzadas, deben ser la táctica del débil contra el fuerte. Invocando la opinión de modernos tratadistas, hace profundas observaciones á este propósito, y cita el siguiente pasaje del libro de D'Amor *La guerra contra los ingleses:* «Debemos evitar las grandes batallas navales con los ingleses, con el mismo encarnizamiento que éstos pondrán en provocarlas. La única cosa que hay que temer es que la *neurosis de la opinión pública, la pusilanimidad del Gobierno ante ella, sean causa de que se dé orden á nuestras escuadras de salir y arriesgar la batalla cueste lo que cueste.*» Estas palabras han tenido una confirmación terrible en la historia contemporánea. ·

En esta clase de guerras suben de punto la necesidad de las informaciones y la precisión de descubrir á gran distancia la presencia de banderas enemigas. Para tales objetos la eficacia del globo cautivo es indudable.

En las costas.—En los desembarcos, ataques á viva fuerza, bombardeos, bloqueos, etc., es también de innegable conveniencia la misión informadora del aerostato. Así lo han demostrado completas experiencias realizadas en Rusia y en los Estados Unidos.

Las exploraciones en globo tienen un radio de acción que no termina en la superficie de las aguas. Elevándose sobre ellas se descubren los cuerpos semi-flotantes, los bancos y arrecifes, y la naturaleza del fondo, siempre que no pase de 60 ó 70 metros de profundidad. Esta aptitud exploradora, que depende del grado de transparencia de las aguas, ha hecho entrever una nueva aplicación del globo, la de asociarlo al submarino autónomo, ya para descubrir el del enemigo, ya para dictar al propio las necesarias indicaciones de dirección y embestida, sirviendo así de órgano visual al terrible *topo marino.*

Globo esférico libre.—Como medio de comunicación entre una plaza sitiada y el exterior, ha prestado el globo libre señalados servicios; el sitio de París, en la guerra de 1870-71, evidenció hasta qué punto se pueden asegurar las comunicaciones mediante el lanzamiento de aerostatos, extremo éste que ya se trató en las conferencias segunda y tercera. Durante aquel memorable sitio, salieron de París 65 globos en el espacio de cuatro meses, desde el *Neptuno* (23 de Septiembre de 1870) hasta el *General Cambronne* (28 de Enero de 1871).

El exiguo número de aerostatos que en aquella sazón cayeron en poder del enemigo, prueba cuán difíciles son estas presas. Así se ha demostrado también en los simulacros realizados en Francia; varios globos esféricos lanzados en París fueron inútilmente perseguidos por parejas de Caballería y por hábiles ciclistas. Un aeronauta perito, que sepa arrojar oportunamente su lastre para desaparecer en las alturas, ocultarse tras una nube, dejarse llevar por corrientes laterales, etc., podrá burlar casi siempre los peligros de la persecución.

El globo esférico forma parte del material militar.

Globos dirigibles.—El estado de la cuestión no permite hacer aún felices aplicaciones de estos nuevos aerostatos.

Sin embargo, dentro de las limitaciones actuales, cabe utilizar aquéllos en los reconocimientos estratégicos, á través de zonas ocupadas por el enemigo, en las plazas sitiadas, en fin, siempre que sea posible sacar partido de esa naciente aptitud de regresar al punto de partida ó de seguir itinerarios preestablecidos.

La misión informadora del aerostato en nada perjudica el papel de la Caballería en la exploración; ésta mantiene el *contacto*, aquél realiza el cometido de *descubrir* á distancia. Ambos elementos se armonizan y completan en el cuerpo de un Ejército, como se armonizan y completan en el cuerpo humano el tacto y la visión.

Lanzamiento de proyectiles.—Esta aplicación, en la que se ha soñado desde que se elevó el primer montgolfier, y aun mucho antes, parece condenada á no realizarse jamás. Por lo menos hay que decir que las dificultades son de un orden difícilmente superable; si se trata de globos tripulados, la conducción de proyectiles exigiría un aumento de fuerza ascensional practicamente irrealizable; esto sin contar con las perturbaciones de equilibrio que ocasionaría la pérdida brusca del peso de cada proyectil, el cual habría de ser grande para producir efectos de mucha consideración; en pequeños globos no tripulados, las dificultades de dirección del flotante y de ejecución del disparo, así como la posibilidad de que los proyectiles caigan en el campo amigo, aconsejan renunciar á tal aplicación, circunscribiendo el papel del globo á su cometido informador.

Las ascensiones libres.

Preparativos.—Estudiado el material aerostático, apuntadas las diversas aplicaciones de que es susceptible y tratadas ya en otro lugar las ascensiones cautivas, pasó el conferenciante á exponer cuanto se refiere concretamente á las ascensiones en globo libre.

El primer extremo dilucidado fué el del *cálculo de la fuerza ascensional*, cuya explicación tenemos que atajar, remitiendo al lector á lo indicado en la sexta conferencia.

En la barquilla deben alojarse cuantos *instrumentos* son necesarios á la observación y á las maniobras de marcha y aterraje, los cuales serán enumerados en la conferencia próxima.

Inflación.—Las operaciones que abarca la inflación del globo, fueron puntualizadas con amplitud, concretándonos aquí á decir que se principia por preparar el área de terreno en que se quiere hacer la operación, limpiándolo é igualándolo para el acomodo de los órganos de generación ó los transportes de cilindros de hidrógeno. Desdoblada y dispuesta la envolvente, se coloca sobre ésta la red, y elévase aquélla lo necesario para efectuar el enlace del apéndice del globo con el tubo de inflación, obturando el empalme de tal suerte que se impida, no sólo el escape de hidrógeno sino también la entrada del aire exterior que pudiera ser arrastrado por la corriente de aquel gas.

La inflación del globo es tarea de tres ó cuatro horas cuando se ha de generar el hidrógeno sobre el terreno, pero se reduce á quince ó veinte minutos si aquél se lleva en cilindros. Conforme la envolvente se va llenando, los pequeños sacos de lastre que penden de las mallas de la red alrededor del globo, son trasladados á las mallas inferiores, de modo simultáneo y á la voz del que dirige la maniobra.

A medida que el grado de inflación lo permite se asegura la barquilla al círculo de suspensión, se desata la unión del tubo con el apéndice, se fijan el ancla, el *guide-rope*, etc., monta la tripulación, y á una señal dada, los hombres que sujetan el aerostato sueltan las amarras.

Ascensión del globo. Velocidad.—Puesto en libertad, el globo asciende con trayectoria curva inclinándose á sotavento, y alcanzada la zona de equilibrio (que es rebasada en razón de la velocidad adquirida) desciende á buscar otra capa de equilibrio, y otra y otra sucesivamente, describiendo una curva sinuosa más próxima cada vez al terreno.

El movimiento de traslación es independiente del globo; este se mueve con la masa de aire que le rodea, como un cuerpo adherido á dicha masa. Su velocidad horizontal es, pues, la que el viento le comunica.

Véanse algunas velocidades alcanzadas en globo libre.

AÑOS	GLOBOS Y TRIPULANTES	VELOCIDAD Kilómetros por hora.
1870	Globo correo *Luis Blanc*.	65
1870	»　　*Igualdad*.	92
1870	».　　*General Chanzy*. . . .	128
1870	»　　*República Universal*.	133
1868	*Fonvielle y Tissandier*	140
1850	*Nassau*, de Green.	230

Velocidad esta última que corresponde á la enorme cifra de 64 metros por segundo.

Variaciones de la fuerza ascensional.—El máximo de esta fuerza se obtiene, á igualdad de otras condiciones, con el globo henchido por completo, caso al que no se llega en la práctica por el trabajo de las fuerzas expansivas interiores que ponen en peligro la envuelta del globo. Cuando éste se lanza más ó menos flácido, á medida que asciende á capas de menor presión, la interior prepondera, la envuelta se va distendiendo y desaparecen ó disminuyen los bolsones que la flacidez produjo. Tanto en uno como en otro caso, la fuerza ascensional está sometida á continuas variaciones dimanantes del medio atmosférico y demás agentes naturales.

Es el globo un aparato tan sensible, que los menores cambios de presión, de luz, de calor, etc., ejercen sobre él una influencia considerable. La lluvia, la nieve ó el simple rocío que se deposita sobre la envuelta, determinan una rápida disminución de la fuerza ascensional como consecuencia del aumento de peso que sufre la tela al impregnarse de humedad. Por el contrario, los rayos del sol, actuando sobre la gran superficie del aerostato, dilatan súbitamente la masa de hidrógeno, produciendo un rápido aumento en dicha fuerza. Una simple nube interpuesta entre el sol y el globo basta para provocar el descenso de éste á causa del enfriamiento del hidrógeno. El estudio de estas y otras causas perturbadoras, y el examen de los medios de que puede hacer uso el aeronauta para contrarrestarlas, fueron objeto de análisis detenido.

Impresiones del viaje aéreo.—Esta conferencia terminó de un modo verdaderamente recreativo. El ilustre maestro deleitó al auditorio enumerando las sensaciones que experimenta el aeronauta en las alturas, y expuso los fenómenos atmosféricos, acústicos, ópticos y fisiológicos que se perciben en las regiones donde se fragua el rayo. El telón de proyecciones, convertido en perenne diorama, reprodujo esos paisajes celestes, caprichosos y extraños abiertos tan solo á las miradas atónitas del osado aeronauta.

Efectos desconocidos de sol y de luna, contrastes misteriosos de luz y de sombras, vagas medias tintas, visiones indefinibles, imágenes de blancos espectros, ilusiones ópticas inenarrables, todo eso, en fin, que la fotografía ha podido sorprender, pero que no es posible describir, apareció ante el auditorio. De un efecto pintoresco y fantástico nos parecieron las proyecciones representativas de la *Cubeta aeronáutica*, la *Aureola de los aeronautas*, el *Anillo volante*, la *Bóveda de nubes*, el *Mar de nubes*, el *Espejismo* y una *Salida de luna*.

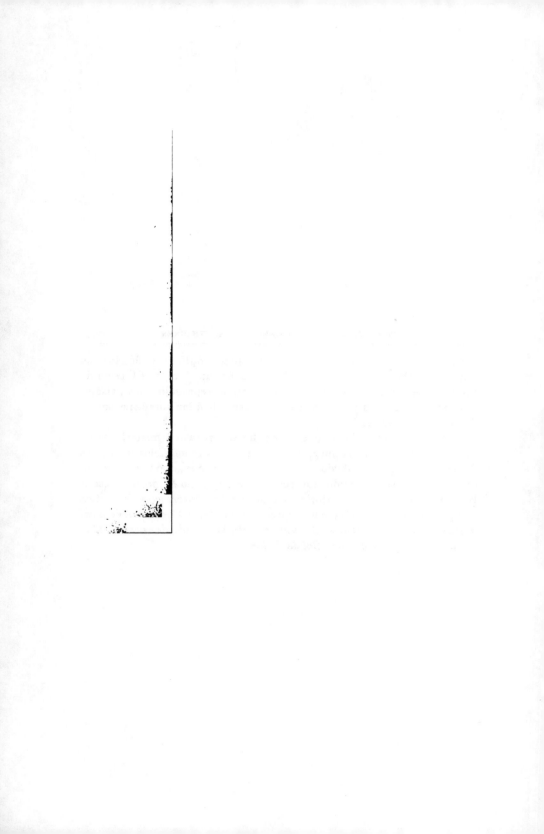

X

EL GLOBO EN EL AIRE.—LOS PRIMEROS DIRIGIBLES

El globo en el aire.—Equipo del globo libre.—Aparatos y objetos que han de llevarse.—Regulación de la marcha.—Alteraciones de equilibrio por las influencias accidentales.—Conocimiento de la altura.—Necesidad de las pequeñas proyecciones de lastre.—Dirección y gráficos de marcha.—Precauciones para tomar tierra.
Las ascensiones á gran altura.—Peligros.—Hasta qué altura es posible la vida.—Precauciones en la subida.—Alturas á qu - se ha llegado.
Los primeros dirigibles.—Estado del asunto.—Clasificación.—Globos movidos á remo y á vela.—Diversos tipos.—Globos movidos por la utilización de resistencia del aire.—Los intentos y los fracasos.

El globo en el aire.

Equipo del globo libre.—Continúa el Coronel Marvá en esta conferencia las enseñanzas relativas al globo en libertad, ya comenzadas en la precedente.

APARATOS Y OBJETOS QUE HAN DE LLEVARSE.—El aeronauta necesita el auxilio de los más perfectos instrumentos de observación para regular la marcha del globo, tales como el barómetro, el termómetro, el higrómetro, la brújula, el estatóscopo, gallardetes, etc.; debe poder explorar á distancia y reconocer la comarca que atraviesa, siéndole, pues, de precisión los gemelos marinos y las cartas topográficas y geográficas; el *guide-rope*, el ancla, el lastre, son efectos imprescindibles; la probabilidad de algún accidente aconseja llevar un ligero botiquín; por último, los artículos de alimentación para la travesía deben buscarse entre los que dejen poco desperdicio á fin de evitar los inconvenientes de un peso inútil. Más adelante se dan algunas ideas acerca del uso de estos instrumentos.

Regulación de la marcha.—Se apuntó ya en la conferencia última que el globo, después del lanzamiento, rebasa la zona de equilibrio, desciende tan luego ha perdido la velocidad adquirida, y seguiría bajando lentamente si una proyección de lastre no le obligase á subir otra vez buscando nueva zona de equilibro, la cual está ya menos elevada que la primera. Repitiéndose incesantemente esos efectos consecutivos de ascenso y descenso, el globo se acerca á la tierra siguiendo una trayectoria ondulada que se conoce con el nombre *montaña rusa del aeronauta*.

Para evitar que esas ondulaciones sean muy bruscas y pronunciadas, es preciso apelar al antiguo método de la *doble sangría*, esto es, sangría de gas para bajar, y de lastre para subir. La oportunidad en ese doble juego de lastre y válvula constituye la parte más difícil de la educación aerostática.

Alteración del equilibrio por las influencias accidentales.—Enumeradas en la última conferencia las causas perturbadoras de equilibrio, lluvia, nieve, etc., añadiremos tan sólo que la sobrecarga resultante por la simple acción del rocío sobre un globo de 800 m.^{3} y 400 m.^{2} de superficie, formando una capa de agua de 0,1 mm., representa un peso de 40 kilogramos.

La sombra proyectada por el globo puede producir rocío que, al condensarse sobre la envuelta, determina un aumento de peso bien perceptible. La incidencia de los rayos del sol, la interposicion de una nube, el estado de humedad de la región que se atraviesa, etc., son causas de súbitos cambios en la fuerza ascensional.

La pericia del aeronauta estriba en sacar partido de esas influencias para economizar lastre y gas.

Conocimiento de la altura.—No hay para qué insistir en la conveniencia de conocer la elevación del punto en que se halla el globo, así como el sentido de los movimientos verticales que éste ejecuta, sea remontándose, sea descendiendo. El barómetro da la altura sobre el nivel del mar, pero no sobre el suelo que es lo que importa conocer en las travesías dentro de los continentes.

La observación del menisco de la columna mercurial da el medio de conocer si el globo sube ó baja, pero los procedimientos generalmente seguidos para reconocer esto son:

1.º *Por medio de papeles.*—Lanzando pequeños trozos, éstos suben ó bajan según que el globo descienda ó se eleve. Este medio no es siempre eficaz y puede dar lugar á errores.

2.º *Banderolas ó gallardetes de Loch,* cuya tela flota hacia arriba ó hacia abajo en sentido contrario al de la marcha.

3.º *Advertidor eléctrico* de Vernauchet, en el cual existe una especie de veleta que al bascular por la acción del aire en los movimientos verticales de la nave, se pone en contacto con el terminal de un circuito eléctrico, haciendo funcionar el timbre correspondiente.

4.º *Estatóscopo del Capitán Rojas.*—Este Ingeniero de nuestro Ejército ha proyectado un aparato sencillo é ingenioso, merced al cual el aeronauta puede observar el sentido de la marcha leyendo las indicaciones de dos columnas líquidas, en las cuales se manifiesta constantemente el aumento de presión cuando el globo baja, ó la pérdida de aquélla cuando sube.

Necesidad de las pequeñas proyecciones de lastre.—Cuando éste se arroja de una vez en cantidad excesiva, el globo es violentamente lanzado á la altura. Estas bruscas sacudidas pueden ocasionar peligrosas derivaciones del globo, como sucedió á Durnof y á Tissandier en el *Neptuno:* un simple hueso de gallina, arrojado en ocasión de tomar los tripulantes un refrigerio, provocó el rápido ascenso del globo hasta una corriente que lo llevó hacia el mar, con grave peligro de los aeronautas y abandono forzado del itinerario en proyecto.

Las proyecciones de lastre deben ser, pues, ligeras y oportunas, tendentes siempre á conseguir una trayectoria lo menos ondulada posible. La consecución de este propósito ha traído el *vaciador automático* de Griffon, que permite, como indica su nombre, compensar las pérdidas continuas de fuerza ascensional con la expulsión progresiva de lastre.

Dirección de la marcha.—Gráficos.—En la navegación aérea, como en la marítima, la brújula suministra preciosas indicaciones relativas á la dirección de la marcha; pero á grande altura la debilitación del par magnético terrestre limita el uso de aquel instrumento á los casos en que el globo marcha á vista de tierra.

Hermite ha ideado un *indicador de dirección* aplicable á todos los casos, pero la eficacia de este aparato es muy relativa.

Cuando en el transcurso del viaje se ha hecho uso de los instrumentos de observación, el registro de las lecturas practicadas facilita el medio de trazar las curvas representativas de la derrota seguida, tanto en elevación como en proyeción horizontal ó recorrido.

Sobre el telón de proyecciones se dibujaron dos gráficos de altura y recorrido, uno del famoso viaje de Glaisher y otro del realizado por Tissandier desde París á Arcachon.

Precauciones para tomar tierra.—Como esta operación es la más peligrosa del viaje aéreo, precisa extremar todas las precauciones conducentes á realizarla con éxito feliz.

Sean cualesquiera las incidencias de la travesía, no debe agotarse jamás el repuesto de lastre. Una parte de él se reserva exclusivamente para el acto del descenso. Si éste amenaza tener lugar en un sitio peligroso, se podrá huir de él á favor de una proyección de lastre; de otro modo, el aeronauta queda expuesto á terribles contingencias.

La elección de lugar para tomar tierra debe recaer en paraje llano, despoblado y libre de accidentes naturales ó artificiales que producen casi siempre deterioros en el material.

Si el globo está provisto de *guide-rope*, el descenso es fácil. porque aquél obra como un vaciador de lastre automático y progresivo; pero si se carece de dicho elemento, se impone la discreta y juiciosa proyección del lastre.

El *reisbahn* ó banda de desgarre, manejado con oportunidad, es el procedimiento de bajada más rápido y seguro.

La barquilla no debe abandonarse hasta la completa desinflación del globo.

Los detalles operatorios de recogida, plegado y reconocimiento del material, después de cada ascensión, fueron estudiados ampliamente.

Las ascensiones á gran altura.

Peligros.—Si en los viajes marítimos la navegación de altura, el gran mar ó mar libre constituye la derrota menos expuesta, no sucede lo mismo en los viajes aéreos, pues á los peligros inherentes á esta clase de navegación, hay que añadir los que resultan de las circunstancias meteorológicas, á saber: 1.º, el descenso de temperatura, que puede llegar á tal punto que se paralicen los miembros del aeronauta; 2.º el mal de montaña, dificultad de respiración motivada por el enrarecimiento de la atmósfera en las capas elevadas; 3.º, el mal de oídos, y un estado morboso general que procede de la gran afluxión de sangre á la periferia.

Hasta qué altura es posible la vida.—El conferenciante aborda esta cuestión demostrando, con auxilio de la Geografía, que la especie humana puede vivir en condiciones normales á una altura mayor de cinco kilómetros. Véanse á continuación las cotas que alcanzan sobre el nivel del mar algunos lugares habitados:

Hospedería de San Bernardo. . . . . 2.474 metros.
Antigua ciudad del Potosí (Bolivia). . . . . 4.061 »
Ciudad de Calamarca (Bolivia). . . . . 4.161 »
Casa de Postas de Apo (Perú). . . ., ... 4.382 »
Chonta (Perú). ,. . 4.478 »
Ermita budhista de Hanle (Thibet). . . . . 5.039 »

Estas cifras han sido sobrepujadas muchas veces por intrépidos ascensionistas, mereciendo citarse:

El inglés Fitgerald, que en 1896 subió al monte
    Aconcagua (Chile) hasta. . . ., ... 7.000 metros.
El guía suizo Zurbriggen, en 1896 . . . . 7.200 »
El condor vuela hasta. . . . . 9.000 »

Estos números demuestran que un aeronauta sano y bien equilibrado puede soportar sin peligro la falta de presión atmosférica que se padece en esas alturas, eventualmente alcanzadas por el globo libre.

Precauciones en la subida.—Para que el zumbido de oídos, opresión de pecho, alteración del pulso y demás sensaciones de malestar que se experimentan en las grandes ascensiones, no sean graves por lo súbitas, es preciso ir ganando altura con la posible lentitud. Los efectos de la disnea se mitigan con sobrias y oportunas inhalaciones de oxígeno puro ó mezclado con aire. Mr. Cailletet ha presentado recientemente á la Academia de Ciencias de París (1901) un aparato de oxígeno líquido que parece ha de facilitar desde este punto de vista las grandes ascensiones.

M

Alturas á que se ha llegado.—Esta parte de la conferencia termina con una serie de curiosas noticias acerca de tan interesante cuestión, de las cuales damos á seguida un cuadro sumario:

Fechas.	AERONAUTAS	Altura alcanzada. — Metros.	OBSERVACIONES
1803...	Físico Robertson..........	7:400	»
1803...	Gay-Lussac y Bist.........	7.016	Hicieron dos ascensiones.
1808...	Astrónomo napolitano Carlo Brioschi, acompañado de Andreoli...............	8.265	»
1850...	Físicos Barral y Bixio.......	7.000	»
1852...	Welsh y Green (el inventor del *guide-rope*).	6.990	Cuatro ascensiones.
1861...	Astrónomo inglés Glaisher, acompañado de Coxwell...	De 9.000 á 11.000	El primero·hizo 30 ascensiones.
1875...	Tissandier, Sivel, Crocé–Spinelli.............	8.600	Perecieron los dos últimos por asfixia.
1894...	Doctor Berson con el Teniente Gros.................	9.150	»
1901...	Los mismos en unión de Suring	10.300	Globo de 8.000 m.³

Los primeros dirigibles.

Estado del asunto.—Clasificación.—Contrayéndose el Coronel Marvá en este punto á la navegación aérea por medio de cuerpos *más ligeros que el aire,* comienza por señalar el estado precario de la *dirigibilidad* y examina las causas que han concurrido á mantener en su planteo un problema que viene agitándose desde la invención de los globos. Los proyectos no han escaseado, como tampoco los ensayos experimentales, y si la cuestión hállase aún en mantillas débese, aparte sus naturales dificultades, á la equivocada dirección impresa á los esfuerzos, porque ó bien se ha querido resolverla por concepciones vagas y quiméricas, vacías de todo fundamento científico, ó bien se han tergiversado las condiciones del problema, olvidando esenciales cualidades de forma, estabilidad, rigidez, velocidad, etc., que deben ·tenerse en cuenta.

Los proyectistas han concebido cuatro medios para dar dirección á los globos:

1.º El remo y la vela.
2.º La resistencia del aire.
3.º Las corrientes aéreas.
4.º Los procedimientos mecánicos.

Globos movidos á remo y á vela.—Es lógico que las primeras tentativas se inspirasen en la imagen de la nave surcando las aguas por el impulso del viento en la vela y del remo en el agua. Pero no hay paridad entre el barco y el globo; el líquido proporciona un punto de apoyo considerablemente superior al que ofrece el aire, y los remos actúan sobre un medio más resistente (*el agua*) para impulsar, y menos resistente (*el aire*) para recobrar la posición de maniobra.

En el espacio las cosas suceden de otro modo; el impulso ganado por un movimiento del remo es perdido por el movimiento siguiente, puesto que ambos son iguales y contrarios.

Para salvar esta dificultad, se pensó en construir unos remos plegables que se extendían al dar el impulso, como sucede con las membranas de las aves palmípedas, pero esto era tan sólo un paliativo incapaz de conducir á buen término.

En cuanto á la vela, su eficacia no podía ser más ilusoria, puesto que á bordo del globo no existe viento; aquél forma cuerpo con la masa del aire que le envuelve, como ya se dijo en otro lugar.

GLOBO BLANCHARD (1784).—Este valeroso aeronauta francés, tan popular en la época de la revolución, concibió la idea de un dirigible al que titulaba *barco volador*. El artificio empleado para imprimirle dirección era un aparejo de cuatro velas que arrancaban de la parte inferior de la barquilla. No hay para qué decir que este barco se comportaba como un globo esférico cualquiera.

PROYECTO DE MEUSNIER.—Este ilustre General de Ingenieros francés, de quien decía el célebre Monge: *Es la inteligencia más vigorosa que yo he conocido*, escribió á partir de 1783 una serie de Memorias en las cuales establecía las bases de un dirigible aovado, de 200.000 metros cúbicos de capacidad.

Las turbulencias políticas de aquella época no permitieron fijar la atención sobre ese proyecto, ni dejaron tampoco á su autor el reposo necesario para intentar una obra de tal importancia. Meusnier es el verdadero precursor de la navegación aérea y el primero que la racionaliza estableciendo principios que hoy se aceptan como progresivos.

En este proyecto se proponían: 1.º, un *propulsor* de aletas giratorias, constituyendo una verdadera hélice, anticipándose así á Sauvage en el empleo de aquélla á la navegación: 2.º, la *forma elipsoidal*, tan empleada en nuestros días; 3.º, el *globo compensador*, gran bolsón colocado en el interior de la envolvente para aspirar ó comprimir aire atmosférico, verdadera vejiga natatoria que permitiría subir sin pérdida de lastre y bajar sin expulsión de gas; 4.º, merced al elemento precedente, que puede considerarse como un depósito inagotable de *lastre aéreo*, procuraba también la *invariabilidad de forma*, que hoy se preconiza en los dirigibles; 5.º, Meusnier sostenía con razón que remontándose á conveniente altura encontraría una corriente capaz de conducir el globo en la dirección apetecida, y después, subiendo ó bajando, hallaría sucesivamente otras corrientes que por zig-zags llevarían el aerostato hacia el punto apetecido. Tal es la teoría de la navegación por *corrientes aéreas*.

GLOBO DE LOS HERMANOS ROBERT (1784).—Medía 17 metros de largo y 10 de diámetro; la longitud de la barquilla era de 4,5; ésta llevaba remos y timón. Efectuaron dos ascensiones, la primera con el Duque de Chartres. En la segunda consiguieron desviarse 22º de la dirección del viento.

GLOBO DE CARRA (1784).—Autor de una Memoria sobre *náutica aérea*. Empleaba el propulsor de paletas.

GLOBO CONDE DE ARTOIS (1785.)—De Alban y Vallet. Igual sistema de propulsión que el precedente, en número de cuatro paletas.

GLOBO DEL ARQUITECTO MASSE.—Lo proyectó de 30 metros de largo y 10 de diámetro. Fijaba remos palmeados en los costados de la barquilla, á popa y á proa.

GLOBO MARTYN (1783).—De Londres; globo á la vela, verdadero barco suspendido de un paracaídas y de un globo.

GLOBO GUYOT (1784).—Era como el anterior, á la vela, y de forma ovalada; notable por ser el primero en que se adoptó para proa el extremo más grueso.

EL VERDADERO NAVEGANTE AÉREO.—Así fué llamado un globo de

autor anónimo, que consistía en un barco suspendido por cinco globos, dotado de remos y provisto de dos grandes alas de 60 pies de longitud.

PROYECTO HUMORÍSTICO DE ROBERTSON.—En las postrimerías del siglo XVIII y en los comienzos del XIX, apoderóse de los inventores una comezón irresistible de presentar soluciones al problema de la navegación aérea. Las estampas de la época muestran de qué modo se abrían paso las concepciones más audaces y extravagantes. La musa cómica encontró, pues, materia sobrada para verter á manos llenas el ridículo sobre aquellos desatinados autores, cuya osadía crecíase con la ignorancia general. En 1803, Robertson llevó al colmo la burla presentando el proyecto de su globo *Minerva,* de 50 metros de diámetro, capaz de elevar 72.000 kilogramos, y en el cual encerrábase toda una ciudad con sus murallas, galerías, edificios, etc., etc.

GLOBO DE TERZUOLO (1855).—Este Ingeniero italiano armaba en la barquilla un complicado artefacto para producir una corriente de aire con la cual pretendía hinchar la vela. No hay para qué hablar del éxito de todos estos intentos.

Globos movidos por la resistencia del aire.—Para dar á conocer los fundamentos de este sistema de navegación aérea, expuso el Coronel Marvá la teoría mecánica de las corrientes artificiales que se producen, en virtud de la resistencia del aire, cuando un plano inclinado sube ó baja en una misma vertical. Aplicando al globo estas ideas se ha creído encontrar el medio de imprimirle un movimiento translatorio utilizando la componente horizontal de la presión del aire.

La forma esférica no se presta de ningún modo á este sistema, el cual exige, para ser realizable, que el globo suba ó baje sin perder lastre ni gas. Aún así, el problema es prácticamente imposible por el escaso valor de la componente horizontal; para obtenerla con la intensidad necesaria, sería preciso aumentar la velocidad vertical, del globo y esto exigiría el empleo de una fuerza que, de tenerla, se aplicaría mejor á la propulsión directa.

Estas razones explican el fracaso de todos los proyectos inspirados en este sistema, tales como los del *globo-pez,* del Capitán Scotte (1789), el de Petín (1850) y el de Próspero Meller (1851), de los cuales se hablará en la próxima conferencia.

XI

LOS GLOBOS DIRIGIBLES

Métodos de navegación aérea.—Utilización de la fuerza del aire.—Empleo de las corrientes aéreas.—Medios usados para subir y bajar en la atmósfera. **Expedición de Andrée al Polo Norte.**—La conquista de los polos.—Cálculos de Andrée.—El globo Aguila.—Precauciones especiales.—Dificultades y acciden- tes de la expedición. **Teoría de los dirigibles.**—Condiciones del problema.—Leyes de la resistencia del aire.—Teoría de la forma.—Secciones más convenientes.—Tipos simétri- cos y disimétricos.—Invariabilidad de forma.—Estabilidad del globo.

Métodos de navegación aérea.

Utilización de la resistencia del aire.—Continuando en el análisis de los medios propuestos para resolver la *dirigibilidad*, reanuda el ilus- tre conferenciante el estudio de los globos movidos por el aprovecha- miento de la resistencia del aire, deteniéndose á examinar los tipos ci- tados al final de la conferencia anterior.

El sistema de planos inclinados fué propuesto por Scotte en su globo pisciforme, al cual dotaba con dos especies de vejigas natatorias; suprimiendo el aire en una de éstas, el globo se inclinaba y adquiría el movimiento de ascenso ó descenso en la dirección de los planos incli- nados.

A las utópicas lucubraciones del Barón de Scotte (1789) siguen en el orden cronológico las no menos quiméricas de M. Petin (1849), que tanto dieron que hablar á mediados del siglo último. La máquina ima- ginada por el fabricante de gorras parisién, consistía en un bastidor de 70 × 10 metros, suspendido por cuatro globos de 4.190 m.^{3} de hidrógeno cada uno. Sobre el bastidor se disponía un sistema de planos que podían girar, á modo de persiana, presentando una superficie variable á la resistencia del fluído, alcanzándose así, como indica la teoría, el movimiento de traslación que el ascensional ó el de descenso producen en sentido oblícuo á lo largo de un plano inclinado.

Los vicios del sistema saltan á la vista: para obtener la traslación del globo era preciso subir ó bajar arrojando lastre ó perdiendo gas, esto es, malgastando poco á poco la causa misma del movimiento. Además, para vencer la resistencia de las corrientes atmosféricas era necesaria la intervención de una potencia mecánica, y las ruedas de paletas propuestas al efecto por el autor, constituían un medio harto pueril.

Las tentativas de Petin fueron, pues, infructuosas, é igual suerte cupo al proyecto de Próspero Meller (1851), resultado lógico de un sistema que requiere la aplicación de grandes fuerzas en sentido vertical, para obtener componentes horizontales de algún valor.

Empleo de las corrientes aéreas.—Consiste en utilizar la aptitud que tiene el globo de elevarse á distintas alturas hasta encontrar una corriente cuyo sentido corresponda á la ruta que se desea seguir. La existencia de corrientes divergentes á diversas alturas, es un hecho reconocido y comprobado por distintos fenómenos, á saber: la coexistencia de las brisas marinas y terrestres en sentido contrario; el descenso del barómetro con viento Norte, y su ascenso cuando en la superficie de la tierra reina el viento Sur; las corrientes ascendentes y descendentes en las montañas, etc.

La idea de utilizar estas corrientes es antigua, según se indicó en la última conferencia al explanar el proyecto de Meusnier. Este ilustre General de Ingenieros preconizó dicho medio en 1784, el cual fué aplicado satisfactoriamente un año después por Blanchard y Jeffries, al atravesar el canal de la Mancha; seguido también por Pilâtre de Rozier en su funesto viaje (15 Junio 1785) y por Lhoste en su expedición de 1883.

Medios para subir y bajar en la atmósfera.—Esta facultad, indispensable para la navegación por corrientes aéreas, poséela el globo por distintos procedimientos.

1.º Por la doble sangría, método ya conocido, que consiste en ir deslastrando y aflojando gas, alternativamente.

2.º Por el aero-mongolfier, procedimiento mixto que estriba en combinar el globo de aire caliente con el de hidrógeno, sirviendo aquél para reglar á voluntad la fuerza ascensional sin perder gas ni lastre. Con razón se ha criticado este sistema, pues como decía Charles equivale á poner el fuego junto á la pólvora; su autor, el intrépido Pitâtre de Rozier, pereció víctima de esa desdichada combinación.

3.º Por el lastre de aire, medio propuesto por el General Meusnier, que consiste en adicionar al globo un bolsón susceptible de almacenar cierta cantidad de aire variable á discreción. Como se trata de un lastre tan ligero, concíbese la necesidad de construir globos muy voluminosos para obtener un peso conveniente de dicho lastre.

4.º Por medios mecánicos.—Son numerosas las combinaciones de ruedas planas, paletas curvas, tornillos, hélices, etc., proyectadas para determinar á voluntad el ascenso y descenso del globo. El doctor Van-Hecke (1847), ideó la *hélice-lastre*, de eje vertical, puesta debajo de la barquilla, aparato que, moviéndose en uno ú otro sentido, elevaba ó bajaba el globo. Mallet hizo uso de una hélice (semejante á la de los submarinos) de 2,50 metros de diámetro y 100 revoluciones por minuto, alcanzadas éstas merced á un motor eléctrico. La velocidad traslatoria fué de 1,6 metro por segundo.

La crítica del sistema queda hecha por la sola consideración de que la fuerza motriz indispensable para la subida ó bajada del aerostato, podría ser aplicada con mayor provecho á luchar directamente contra el viento para dar dirección á la nave.

5.º Por la dilatación del hidrógeno.—Los métodos fundados en esta propiedad de los gases, exigen el empleo de globos flácidos. El proyecto de Bouvet descansa en el empleo de una lámpara eléctrica, cuyas radiaciones caloríficas producen las necesarias variaciones de tensión en la masa gaseosa, con lo cual el globo sube ó baja.

Emmanuel Aimé llega al mismo resultado empleando su *termoesfera* en la cual inyecta chorros de vapor de agua para calentar el gas. También ha propuesto un *termóstato* constituído por cilindros de tela de 10 metros de altura por 2,50 de diámetro; las variaciones de temperatura producidas por la radiación solar en estos cilindros son utilizadas para regular el movimiento ascensional. Los peligros de este procedimiento se acusaron prácticamente en la ascensión realizada por su autor en el globo *Fatum*, el 26 de Junio de 1901.

6.º ASCENSO Y DESCENSO POR DIVERSOS MEDIOS.—Piallat ha propuesto colocar alrededor del globo una especie de paracaídas invertido, de modo que pueda funcionar como *parasubidas;* al separarlo del aerostato por la maniobra de un sistema de cuerdas, presenta gran resistencia á la elevación del conjunto.

El lastre de Joubert, ó *paracaidas-lastre,* consiste en suspender de un paracaidas un saco de lastre ordinario, de tal modo que éste equilibre el peso de aquél. Cuando se quiere salvar un obstáculo, el aeronauta lanza el paracaidas largando el cable que lo sujeta; el globo queda deslastrado, y por lo tanto, sube. Para descender se cobra cable, y pesando entonces el paracaidas sobre el globo, éste baja. El medio es ingenioso, pero los ensayos de M. Capazza han probado que no es práctico.

Otros procedimientos se han propuesto, tales como: la *cuerda-freno,* que atenúa las pérdidas de gas, el empleo de pájaros adiestrados que vuelen alrededor de la barquilla ó se posen en ella conforme á las indicaciones del aeronauta, etc.; pero ninguno de los medios conocidos puede allanar los defectos fundamentales de la navegación por corrientes aéreas, á saber: 1.º, no siempre se encuentran esas corrientes contrarias en la dirección apetecible; 2.º, dificultad, muchas veces insuperable, de mantenerse largo tiempo en el aire á la altura necesaria para encontrar y seguir la corriente que conviene; 3.º, la inseguridad creada por el desconocimiento del régimen de las corrientes aéreas.

Los graves peligros á que puede conducir este sistema de navegación, han sido evidenciados recientemente con motivo de la ruidosa y desgraciada expedición de Andrée al polo Norte.

Expedición de Andrée al polo Norte.

La conquista de los polos.—La humanidad, como el individuo, tiene preocupaciones é ideales, y uno de éstos, incesante aspiración de cuatro siglos, es el hollar con planta victoriosa los últimos confines de la tierra, los propios quicios del mundo. Contra la infranqueable barrera de hielo que los oculta, sublévase la dominadora soberbia del hombre, más crecida cuanto más contrariada, y los fueros de la Ciencia omnímoda, lesionados por el eterno secreto de los polos, exigen con mayor imperio, de día en día, el absoluto dominio del planeta.

Los adelantos materiales van siempre precedidos de descubrimientos especulativos, y los que la Física, la Geología, la Historia Natural y la Antropología se prometen de. los casquetes polares; justifican los reiterados esfuerzos que en pos de tal objetivo se vienen realizando. La marcha es lenta, pero segura; hacia el polo Norte, Marckham, en 1876, toca los 83° 20'; Lockwood, en 1882, alcanza 83° 24'; Nansen (1893 á 96) llega á los 86° 14', y recientemente (1900) el Duque de los Abruzos avanza unas millas más y clava la bandera italiana en los 86° 33'.

Hacia el polo Sur, el progreso es más limitado: el Océano Austral es un mar abierto á·donde no llegan los continentes, cuyas últimas tierras terminan muy al Norte del círculo polar antártico, y en las cuales la cultura humana tiene reciente data; por otra parte los hielos avanzan hacia el ecuador más que en el hemisferio Norte, lo que dificulta el acceso al supuesto continente Austral. A pesar de tan espinosas circunstancias, las exploraciones son cada vez más activas, y muy legítimas las esperanzas que hacen concebir los poderosos elementos con que se cuenta.

Cálculos de Andrée.—Los recientes adelantos de la navegación aérea movieron al valeroso noruego J. A. Andrée á intentar una expedición en globo al polo Norte. La idea de franquear de este modo los helados cantiles circumpolares, no era nueva, pues Silbermann en 1870, Sivel en 1873, y Hermite y Besançon en 1894, habíanla ya preconizado.

Para llevarla á la práctica juzgó Andrée que los vientos Sur reinantes en Spitzberg, durante el mes de Julio, permitiríanle, á favor de la navegación por corrientes aéreas, hacer el recorrido desde la isla de los Daneses á la península de Alaska, pasando por el polo. Calculaba que para salvar esa distancia (3.000 kilómetros próximamente) bastaríanle once días, y creía poder sostenerse en el aire durante ese tiempo, merced al empleo de los *guide-ropes*, al uso de un globo de gran cubicación y á la provisión conveniente de lastre. Siendo la pérdida diaria de gas unos 50 m.^{3} y la provisión de lastre 1.600 kilogramos, resultaba para el globo una facultad de sustentación igual á treinta días. Estos cálculos salieron fallidos.

El globo Aguila.—Precauciones especiales.—El globo construído medía 4.500 m.^{3} con fuerza ascensional de 5.000 kilogramos; el hemisferio superior tenía triple envuelta y una camisa de seda para impedir la acumulación de la nieve; la válvula superior habíase reemplazado por pequeñas válvulas de maniobra situadas en el círculo ecuatorial. La navecilla tenía dos metros de altura, era completamente cerrada y estaba dividida en dos compartimentos, sirviendo de vivienda el inferior. Además del lastre y de los instrumentos científicos, llevaba víveres para cuatro meses, un trineo y tres *guide-ropes* que pesaban 1.000 kilogramos y debían permitir al globo mantenerse á 250 metros por encima del suelo.

Andrée hacía uso de un *aparato de dirección*, consistente en una vela fija según un meridiano del globo, de suerte que si un *guide-rope*, actúa en el plano de este meridiano, el globo no sufre derivación alguna, pero si el *guide-rope* ocupa una posición intermedia, la vela se presenta oblícuamente al viento, y el aerostato deriva por ángulos variables, que, según Andrée, pueden llegar á 27°.

Dificultades y accidentes de la expedición.—Convenía elegir para punto de partida un lugar lo más próximo posible al polo, por lo cual se hicieron las instalaciones del barracón, generador, etc., en la isla de los Daneses á 79° 43'latitud Norte y 11° Este de Greenwich. A costa de grandes esfuerzos venciéronse las dificultades materiales de la empresa, de las que puede dar idea el acopio de 100 toneladas de hierro y ácido sulfúrico para la fabricación del hidrógeno.

Acompañaban al animoso Andrée el Ingeniero civil Fernando Fraenkel y el Doctor en Ciencias Nilo Strinberg. Después de laboriosas tentativas y no pocas dilaciones en espera de tiempo favorable, el *Aguila* alzó su vuelo el 11 de Julio de 1897 á las dos y treinta y cinco minutos de la tarde, no sin haber perdido en las torpes maniobras de la ascensión las cuerdas colgantes que, al arrastrar por el suelo, debían desempeñar un papel capital en la guía de la nave.

Pocos días después (15 de Julio) el ballenero *Alken* se apoderó de una paloma mensajera que Andrée había soltado á los dos días de su partida, con el despacho siguiente: «13 Julio, 12 horas 30' tarde, 82° 2' lat. N., 15° 5' long. E —Buen viaje hacia el E. Todo bien á bordo. Es la 3.ª paloma». Nada se ha vuelto á saber del audaz explorador, el cual, según las últimas investigaciones, debió caer entre la tierra de Francisco José y Nueva Zembla, víctima de su amor á la ciencia, de su excesiva confianza en la navegación por corrientes aéreas, y de su desprecio á la ley admitida por los meteorólogos de que el régimen de los vientos en las inmediaciones del polo es un *régimen de borrascas*.

Teoría de los dirigibles.

Condiciones del problema.—Atajando las consideraciones teóricas que desarrolla el conferenciante para establecer los fundamentos de la cuestión, diremos en sustancia que para resolverla es preciso dar al globo la facultad de marchar contra el viento, es decir, dotarle de *velocidad propia* mediante un *propulsor* accionado por un *motor*. Es claro que esta velocidad debe ser superior á la del viento cuya *resistencia* se quiere vencer. El concepto de esta resistencia está dado por la fórmula experimental $R = K S V^2$, siendo S la sección maestra del aerostato, V la velocidad propia, y K un coeficiente que depende de la forma de aquél y de la densidad del fluido ambiente. Esta ecuación muestra que *la resistencia crece con el cuadrado de la velocidad*, y si se tiene en cuenta que la potencia necesaria es función de la resistencia del aire y de la velocidad, se deduce también que el *trabajo motor crece como el cubo de las velocidades*.

Es evidente que para un volumen dado interesa reducir al mínimo las resistencias al avance, lo que ha hecho abandonar la forma esférica y adoptar la alargada.

Teoría de la forma.—Dotando la nave aérea con proa y popa, la primera cortará el aire sin brusquedades ni remolinos, y la segunda llenará el vacío relativo creado detrás de la nave, impidiendo así que la compresión del fluído en la cara anterior se agrave con la aspiración producida en la posterior.

Sección transversal.—Como la resistencia es proporcional á la sección maestra, conviene que ésta sea un mínimo relativo al volumen del globo, siendo el círculo la figura que mejor conviene para sección transversal.

Sección longitudinal.—La forma *cilíndrica terminada en un cono anterior*, produce en la posterior remolinos y perturbaciones que aumentan la resistencia de la atmósfera. La forma *cilíndrica terminada por un cono en cada base*, facilita la construcción, puesto que se compone de partes desarrollables, pero crea grandes razonamientos en la parte cilíndrica, con la pérdida consiguiente de trabajo motor y alteraciones en el movimiento del aparato. *Dos conos unidos por sus bases*, evitarían dichos inconvenientes, pues la masa de aire abierta por el primer cono actúa sobre el segundo, favoreciendo el movimiento, á semejanza de lo que ocurre cuando se oprime entre los dedos un hueso de cereza; pero en la práctica, el cambio brusco de uno á otro cono, sin redondos contornos que lo suavicen, crearía perturbaciones contrarias á la marcha del cuerpo. De ahí la conveniencia de substituir las superficies cónicas por otras inscriptas á éstas y que se encuentren tangencialmente, dando así por sección longitudinal una *figura alíptica*.

TIPOS SIMÉTRICOS Y DISIMÉTRICOS.—El pez y el pájaro aceptan formas que recuerdan la del elipsoide, pero si se observa la conformación de esos animales, se verá que no presentan simetría respecto á una sección transversal. En dichos seres se comprueba: que la sección máxima encuéntrase hacia el tercio de la longitud del cuerpo; que la relación entre una y otra varía del tercio al medio; que el centro de gravedad está situado entre el tercio y el cuarto de dicha longitud, y finalmente, que la proa ó parte del animal avanzada en el sentido de la marcha, es la más gruesa. Por consiguiente, si las aeronaves han de acomodarse á la estructura indicada por la Naturaleza, preciso será preconizar la forma disimétrica.

Estas conclusiones están de acuerdo con las experiencias que Renard y otros sabios han realizado con flotantes pisciformes para determinar la relación de dimensiones más conveniente á la marcha de los dirigibles.

Invariabilidad de forma.—Aceptada la forma más ventajosa, es preciso asegurarla en todos los momentos; de otro modo, el aerostato pierde en condiciones de flotación, el viento choca contra las concavidades ne la envolvente, aumentando la resistencia al avance, y sobreviene la idestabilidad del flotante. De ahí la conveniencia de que el centro de gravedad esté lo más bajo posible, y de que el enlace del globo con la barquilla sea rígido é indeformable.

Para conseguir la invariabilidad de forma, se han propuesto envolventes metálicas ó armazones de este material, medio rechazado por la dificultad de construcción y transporte, amén de otros inconvenientes de que adolecen esas moles metálicas, como se verá en los globos de

Schwarz y de Zeppelin. El *globo compensador* de aire comprimido, cuya idea se debe al General Meusnier, consiste en inyectar aire en un espacio cerrado para mantener la conveniente tensión de la envuelta, y dar salida al mismo cuando el hidrógeno se dilata en las capas superiores. Este medio es embarazoso y no corrige por completo la instabilidad.

Estabilidad del globo.—Durante la marcha, el eje longitudinal del aerostato no permanece constantemente paralelo á sí mismo, lo que introduce serias perturbaciones en el gobierno y seguridad del aeronave determinando lo que se conoce con el nombre de *movimiento de galope*. Varias son las causas de estas irregularidades, á saber: 1.ª, las oleadas gaseosas, producidas cuando el globo está flácido por la tendencia del gas á ocupar la región superior; 2.ª, la combinación del movimiento traslatorio, con el de ascenso ó descenso, cuya resultante es oblícua á la dirección de la marcha; 3.ª, el par formado por la fuerza propulsiva y la fuerza resistente, que da también lugar á desviaciones bruscas. Estos defectos se atenúan por la división del globo en compartimentos estancos, por el empleo de contrapesos móviles que contrarresten el cabeceo, y también dando elevación conveniente al eje del propulsor á fin de centrar mejor los esfuerzos al avance.

Los movimientos perjudiciales, es decir, el de galope y el transversal, se corrigen mucho haciendo que, por construcción, el centro de gravedad del aparato resulte lo más bajo posible, y sobre todo procurando que el enlace entre el globo y la barquilla sea perfectamente rígido. Este enlace se obtiene mediante disposiciones que fueron detalladas, y en las cuales no podemos entrar.

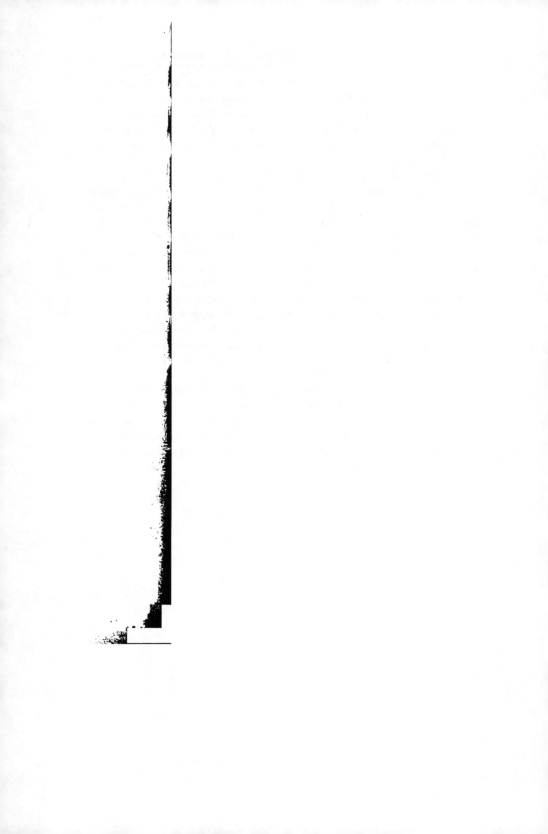

XII

LOS GLOBOS DIRIGIBLES

El motor y la hélice.— Variedad en la forma del globo y en los propulsores.—Teoría de la hélice.—La cuestión de los motores.

Los dirigibles modernos. —Descripción y juicio crítico de los dirigibles Henry Giffard, Dupuy de Lôme, Gabriel Yon, Tissandier, Renard y Krebs, Schwarz, Zeppelin y Santos Dumont.—Cuadro sinóptico de sus principales características.

El motor y la hélice.

Variedades en la forma del globo y en los propulsores.—Antes de abordar el estudio de la navegación aérea por motores mecánicos, presenta el conferenciante algunas singularidades de forma, que llamaron la atención pública en los comedios del siglo XIX. En 1850 M. Sansón presentó su *globo-pez*, al que dotaba de cuatro alas para los movimientos ascendentes, y para los horizontales conjugaba dos pares de ruedas, movidas unas y otras por la acción del hombre. En la misma época, el relojero Julien construyó un globo alargado, en cuya parte anterior llevaba dos pequeñas alas en forma de hélice las cuales, volteadas por un aparato de relojería, daban movimiento al sistema.

La imaginación de los inventores desbordábase buscando nuevas formas, y así, vióse aparecer la *góndola-pez* de Vaussim, el *globo-partido* de Chardanne, y extrañas figuras lenticulares, irregulares, de anillos, octaedros, etc., que daban á la navegación aérea el caracter de un vistoso espectáculo á cielo abierto.

Entre los sistemas de propulsión mecánica que precedieron al motor y á la hélice actuales, presenta el Coronel Marvá las creaciones qui-

M

a hélice.—Para la debida comprensión d
s principales tipos van á ser estudiados,
tra con su habitual claridad el funciona
er de qué modo semejan sus aletas ó bra
n tornillo; por qué al girar aquéllos en vi
ran en la inercia del aire la resistencia q
, en fin, creciendo la velocidad de rotació
a, ceba entonces el tornillo y el aparato
de las hélices aéreas entraña delicados p
En ellos influyen: la clase de material,
esistencia; el número de brazos, por que
el espacio ya batido por los anteriores,
encia útil del aire; la superficie y curvatuı
cortar la atmósfera con la mayor facilidad
zos, por la importante relación entre el
ción del aerostato; los órganos de trans
l de la hélice, por el trabajo que absorb
complejos y variables factores dificultan
á a de la hélice; el cálculo no pue
imadas, aplicables tan sólo á las condicio
coeficientes numéricos. La vía experime

lenta, puede conducir á la perfección de estos propulsores, cuyo rendimiento es preciso acrecer elevando la relación entre el trabajo tractor y el aplicado al árbol correspondiente. Los aparatos para probar hélices, debidos á Renard y á Langley, son auxiliares poderosos del cálculo en esta clase de investigaciones.

La cuestión de los motores.—Se comprende á primera vista que la cuestión de los motores, aparte las condiciones de facilidad, seguridad, etc., estriba en encontrar uno que, con muy poco peso, desarrolle gran potencia.

La ligereza del motor se ha buscado en la perfección de su estructura y en la juiciosa elección de los agentes de enérgía. Entran en el primer concepto: el empleo de metales resistentes que permitan reducir las escuadrías; la supresión de las piezas inútiles y el señalamiento de varias funciones á una de aquéllas; el estudio concienzudo de las formas, de los llenos y de los vacíos, del equilibrio de las masas, etcétera. Cuanto á los agentes destinados á transformar la energía en trabajo mecánico, la elección se ha circunscrito á los motores de vapor, á los eléctricos y á los de hidrocarburos.

Las máquinas de vapor son pesadas y embarazosas, deslastran el globo á medida que se verifica la combustión, y llevan consigo el peligro que representa un hogar situado por debajo de una gran masa de hidrógeno. Estos inconvenientes se han atenuado empleando aero-condensadores de gran poder refrigerante, sustituyendo el agua por otros líquidos (cloroformo, éter sulfúrico, sulfuro de carbono, éter clorhídrico) cuyo vapor se produce á bajas temperaturas, y utilizando ciertos combustibles líquidos de gran potencia calorífica, poco peso y volumen, y que además no desprenden las chispas que hacen tan peligroso el uso del carbón.

Los motores eléctricos adolecen de gran peso propio, más el que representa la batería de pilas anexa; los notables progresos realizados en el aligeramiento de las dinamos, no han sido acompañados por los de las pilas, con lo cual el peso del caballo eléctrico resulta excesivo.

Los motores térmicos de hidrocarburos están á la orden del día; tienen las preciosas cualidades de transportar su combustible bajo una forma muy reducida, y de dar las velocidades medias que convienen á las hélices aéreas, lo que permite simplificar los engranajes que conectan aquellas con su motor y obtener así el mayor aprovechamiento de la energía. Los graves defectos que se imputaban á estos motores, tales como las irregularidades de marcha, el gran calentamiento producido por las explosiones, la necesidad de agua para refrigerar los cilindros, etc., han sido de tal modo eliminados por el reciente desenvolvimiento del automovilismo, que hoy se consigue reducir á unos 2,50 kilogramos el peso del caballo mecánico. Un paso más y problema está resuelto.

Los dirigles modernos.

Globo de Henry Giffard.—A este hombre de osada inventiva débese la primera ascensión en globo dirigible, construído según los principios racionales de esta ciencia. Este globo, elevado en 1852, era fusiforme con sus extremos aguzados; medía 44 metros de punta á punta, 12 metros de diámetro y 2.500 metros cúbicos de capacidad. La longitud era, pues, de 3,6 diámetros.

Comprendiendo la impotencia de un propulsor movido á brazo, Giffard resolvió emplear la máquina de vapor de cilindro vertical, muy aligerada y con tiro forzado para activar la energía de la combustión y la presión del vapor. El hogar estaba en el interior de una caldera de doble envuelta, los gases evacuábanse por una chimenea descendente y salían, purgados de chispas, en dirección opuesta á la marcha para favorecer la propulsión. Este generador era de tres caballos y su peso de 150 kilogramos. El propulsor era una hélice de tres brazos de 3,40 metros de diámetro, á los que la biela imprimía 110 vueltas por minuto.

60 kilogramos de agua y cok abastecían la caldera.

Las patas de ganso de la red se unían á un larguero de 20 metros, del cual, y á 6 metros de distancia, pendía un armazón de madera donde iba la máquina. Una gran vela colocada en la parte posterior del aparato servía de timón.

Efectuó su primera ascensión el 25 de Septiembre; remontóse hasta 1.800 metros, y si bien no consiguió vencer la fuerza del viento, pudo desviarse de su dirección y mantenerse inmóvil cuando la velocidad de aquél no excedía de 3 metros por segundo.

Animado por esta experiencia, construyó Giffard otro globo de 70 metros de longitud por 10 de diámetro y 3.200 metros cúbicos de capacidad, con máquina más poderosa para obtener velocidades de 5 metros.

El éxito de esta nueva ascensión, no respondió á las esperanzas concebidas; antes bien, pudo acabar de un modo trágico por que al descender, escapó la red por falta de estabilidad en un globo tan largo, y este cayó cortado en dos pedazos.

No cejó en su empeño el insigne Giffard; por el contrario, entregóse con ardor á la realización del vasto proyecto de un globo de 600 metros de largo por 30 de diámetro, 220.000 metros cúbicos de volumen y un motor con dos calderas para obtener velocidades de 20 metros. Acometido Giffard por graves dolencias, tuvo que renunciar á estos trabajos.

ANÁLISIS DEL GLOBO GIFFARD.—Los progresos que acusa están en elempleo de la forma de huso y en la adopción del motor de vapor, pero dejó sin resolver la invariabilidad de forma, la rígidez de la suspensión, la estabilidad vertical y horizontal, y el modo de evitar el almohadillado producido por la red.

Dupuy de Lôme.—En Octubre de 1870, durante los acerbos días del sitio de París, este ingeniero eminente que había conquistado renombre universal con la construcción del primer acorazado, prometió realizar un globo dirigible que permitiera establecer segura comunicación entre la capital y los departamentos; pero la desorganización de la industria y lo anormal de las circunstancias, retardaron de tal suerte la construcción, que el globo no estuvo listo hasta el 2 de Febrero de 1872, fecha en que se verificó la ascensión.

El globo era fusiforme, de 36 metros de largo, 14,84 metros de máxima altura y 3.400 metros cúbicos de volumen. El propulsor estaba constituído por una hélice de dos brazos y 6 metros de diámetro, movida por el esfuerzo de ocho hombres. La navecilla uníase al globo por un cordage que aseguraba la rigidez absoluta del sistema, como si aquellas dos partes estuvieran unidas por un arriostrado metálico. La invariabilidad de forma se obtenía por medio del globo compensador, es decir, por una capacidad limitada entre la porción inferior de la envuelta y un diafragma interno, donde se insuflaba el aire necesario para la debida tensión de la envolvente. En fin, la substitución de la red por una funda ó *camisa*, y la adopción de una nave oblonga y apuntada, disminuían en parte las resistencias al avance.

El globo no pudo vencer la corriente, que era de 12 metros por segundo, al paso que la velocidad comunicada por la hélice no pasaba de 2,80; pero se obtuvo una desviación de 12°, y con auxilio del timón (análogo al de Giffard como en casi todos los dirigibles) ejecutáronse diversas evoluciones, que demostraron la sensibilidad del aparato.

JUICIO CRÍTICO.—Este globo, perfectamente estudiado desde el punto de vista de su estabilidad, presenta el defecto capital de tener un motor insuficiente á todas luces. El enlace funicular rígido de la navecilla está concebido de un modo maestro, y la *reprise* del globo compensador de Meusnier, así como la evitación del almohadillado de la red, son mejoras que acusan un progreso notable.

Aerostato de vapor de Gabriel Yon.—Este distinguido aeronauta, compañero de Giffard y de Dupuy en sus ascensiones, inspirándose en las ideas del último, reprodujo el tipo precedente, dotándole con motor de vapor y dos hélices laterales.

Globo de los hermanos Tissandier.—Las mejoras realizadas por Giffard y Dupuy, parecían haber elevado la Aeronáutica á un término difícil de superar; pero las excelencias de un nuevo motor, la dinamo, hicieron columbrar amplios horizontes, que bien pronto habían de ser explorados por los discípulos del eximio Giffard.

La Exposición de electricidad de 1881 patentizó las maravillas de la máquina eléctrica, y era lógico, por tanto, ensayar en el globo un motor que funcionaba sin fuego, sin variaciones de peso y que no presentaba el bulto de las máquinas de vapor.

El globo era un huso de 28 metros de largo por 9,2 de diámetro máximo, con un volumen de 1.000 metros cúbicos. La barquilla estaba formada de bambúes reforzados con cuerdas y alambres de cobre recubiertos de gutapercha. La *camisa*, superpuesta á la envolvente, remataba en dos brancales flexibles, de donde partían las cuerdas de suspensión, obteniéndose así gran uniformidad en el reparto de las presiones. El motor era una dinamo del tipo Siemens, accionada por una batería de 24 elementos al bicromato potásico ingeniosamente dispuesta para asegurar su manipulación y buen rendimiento durante dos horas y media. La hélice tenía dos brazos de 2,80 metros que podían voltear 180 veces por minuto.

La primera ascensión tuvo efecto el 8 de Octubre de 1883. El viento, apenas sensible en tierra, fué aumentando con la altura, y á

500 metros su velocidad era de tres por segundo, á la cual pudo hacer frente el globo.

Al año siguiente se repitió el ensayo, después de introducir en el globo algunas mejoras de detalle que reforzaron la potencia del motor y la del timón. La velocidad del viento era de tres metros, y la del globo, cuatro; esto permitió navegar más de diez minutos contra la corriente.

JUICIO CRÍTICO.—El dirigible de Tissandier merece los honores de la Historia, porque representa la primera aplicación de la electricidad á la navegación aérea. Los detalles de la suspensión están bien estudiados, y el centro de gravedad resulta bajo, cual conviene á la estabilidad de la nave; pero el motor es poco potente y adviértese la ausencia de los principios seguidos por Dupuy para asegurar la rigidez del enlace y la invariabilidad de forma.

Renard y Krebs (1884-85).—En tanto que Gastón y Alberto Tissandier entregábanse á sus laudables empeños, el genio militar de la Francia incubaba en el Parque de Chalais-Meudon la más hermosa experiencia aeronáutica del siglo XIX, y escribía en la historia de los dirigibles una fecha eternamente memorable: el 9 de Agosto de 1884.

El globo de aquellos distinguidos Capitanes era alargado, pero de forma disimétrica, con la punta más gruesa en proa y la cuaderna maestra á $^1/_4$ de la longitud, forma experimentalmente hallada como la más propia para los dirigibles, y que la misma Naturaleza ha dado á los pájaros y á los peces. Con esa sección longitudinal, el centro de inercia se aleja de la popa, y en su virtud aumenta la eficacia del timón; es también sabido que las resistencias al avance disminuyen. Las dimensiones eran 50,42 metros de largo, 8,40 de diámetro máximo y 1.864 metros cúbicos de volumen.

Un globo compensador aseguraba la invariabilidad de forma, y merced á un dispositivo, cuyos detalles se ignoran, evitábanse las oleadas gaseosas y el consiguiente movimiento de galope. La camisa estaba formada por un nuevo sistema de husos transversales que reducían el peso notablemente; la suspensión se hacía con dos haces ó pinceles de corta longitud, con lo cual se aproximaban los centros de tracción y de resistencia, disminuyendo ésta por lo tanto. Con igual objeto se forró de seda bien estirada la barquilla, la cual era de bambú y de 33 metros de largo por dos de altura.

La hélice, con dos brazos de siete metros, estaba colocada en proa, situación que ha sido muy discutida por suponer algunos que el aire barrido adquiere una velocidad propia en sentido contrario al de la marcha; pero aparte de que ese defecto no está bien estudiado, y su influencia en todo caso sería muy pequeña estando la hélice en prolongación de la barquilla, es positivo que su colocación en la proa tiene la ventaja de moderar un aire que no ha sido turbado ní enrarecido por el paso del globo, así como la de facilitar el rumbo del aparato en el sentido de la marcha.

El motor era una máquina Gramme de 8,50 caballos que Krebs logró aligerar al extremo de reducirla á 100 kilogramos. El generador constituíalo una pila cloro-crómica, muy bien estudiada por Renard, compuesta de 480 elementos formando 40 grupos en tensión, de á 12 pares en cantidad, y estos de tan poco peso, que por cada 25 kilogramos se obtenía un caballo mecánico en el árbol de la hélice.

PRUEBAS EFECTUADAS.—Fueron en número de siete. La primera se hizo el 9 de Agosto de 1884; el globo *La Francia* se elevó en Chalais á las cuatro de la tarde y tomó tierra en el mismo sitio á los veintitrés minutos, cerrando, sin contratiempo, la curva *Chalais-París-Chalais*. De las seis experiencias siguientes, dos fracasaron á causa de averías en la máquina y de la gran velocidad del viento contrario, pero cuatro fueron coronadas por un éxito feliz, puesto que en ellas se cerró la curva. La prueba más notable fué la última, el 25 de Septiembre de 1885, en la cual se alcanzó una velocidad de 6,50 metros por segundo, no obstante haber llevado el viento de proa desde Chalais á París.

JUICIO CRÍTICO.—Con el aerostato de Renard y Krebs, la arquitectura aeronáutica parece llegada á un máximo de perfección. En este tipo se asocian juiciosamente los progresos debidos á Giffard, De Lôme y Tissandier, y señálanse mejoras tan notables como las de la forma disimétrica, la pila ó generador eléctrico, la supresión de las oleadas gaseosas, la estructura alargada de la navecilla, el aligeramiento, entonces excepcional, de la dinamo, y el nuevo método para el corte y unión de los husos de la *camisa*.

La estructura del aerostato es teóricamente irreprochable, y los detalles de construcción no dejan nada que desear. Con este dirigible, la navegación aérea toma resueltamente una dirección racional y eminentemente técnica. Todo se somete al cálculo y al ensayo experimental: formas, dimensiones, velocidades, resistencias, pesos, volúmenes, materiales, fuerzas, rendimientos, relaciones de distancias y de posición, nada se escapa al espíritu concienzudo y progresivo de los sabios cola-boradores. Por último, en el orden' de los resultados obtenidos hay que registrar conclusiones positivas: el globo adquiere velocidad propia, docilidad á la mano del nauta, *marcha contra el viento y regresa al punto de partida.* La dirección de los globos no es ya una utopia, y su resolu-ción práctica se contrae tan sólo á un punto bien concreto: aumentar el rendimiento de la hélice y del motor aligerando su peso.

Wrelffert y Knabe (1897).—Este dirigible se señala por ser la pri-mera y dramática tentativa hacia el actual motor ligero de hidrocarbu-ros. El globo fué lanzado en Berlin, llevando un motor de gasolina; ésta inflamó el hidrógeno del aerostato, y aquellos aeronautas cayeron desde gran altura, perdiendo la vida.

Daniel Schwarz (1897).—Se distingue este dirigible por su forma y por la clase de material que constituye su envuelta. El poder gigantesco de la industria metalúrgica, que permite obtener los nuevos metales has-ta un grado de laminación sorprendente, ha dado calor á la idea de utili-zar las planchas para construir las envolventes. El dirigible de Schwarz significa un esfuerzo enorme, pero estéril, en este sentido. La figura de aquél era cónico-cilíndrica, obedeciendo así á la necesidad de evitar su-perficies alabeadas; tenía 47,50 metros de largo, 14 de diámetro máximo y su volumen alcanzaba 3.697 metros cúbicos. La armazón interior era de aluminio, así como la envolvente, cuyas chapas tenían tan sólo $^2/_{10}$ de milímetro; las costuras se roblonaron, y su estancamiento se probó á 2,50 atmósferas de presión interior, apreciándose alguna pérdida de gas.

Las demás circunstancias se indican á continuación.

Motor: Daimler, de cuatro cilindros y 12 caballos efectivos.—*Hé-lices:* De aluminio y pequeñas; dos á los costados, de dos metros de diámetro, una en la barquilla de 2,75 metros y una hélice-lastre. Las transmisiones de rotación del árbol motor á los de las hélices se hacían por correas.—*Barquilla:* Se enlazaba con el globo por medio de barras de aluminio, y su piso distaba 4,50 metros de aquél. *Peso total:* 3.560 ki-logramos.—*Fuerza ascensional* calculada, 3.740 pero fué menor, por haberse mezclado el gas con el aire á causa de las dificultades de in-flación.

Para introducir el hidrógeno se pueden seguir tres procedimientos. 1.°: Llenar de agua el globo y hacer que el hidrógeno penetre á mèdida

a saliendo; este modo es tan sólo aceptab
2.º: Introducir un globo de tela y llenarl
le después; para esto estorbaba la ar
s y aire, expulsando éste luego lo que d
expone á la formación de mezcla explo
un resultado poco satisfactorio.
é lanzado el 2 de Noviembre desde el c;
n, conduciendo al aeronauta Jagels. El
segundo. Al poco tiempo de estar en el
s correas de las hélices laterales, queda
to. El aeronauta abre la válvula para ba
apidez; se arroja todo el lastre, pero no s
del descenso; el globo choca en tierra,
destrozada la envolvente, salvándose la

TICO.—Considerado este globo como co
aravilla de mecánica por las enormes
montaje, inflación, maniobra, etc., que
o como dirigible, la obra no pasa de ser
licos.
900).—Por su forma y construcción ase
varz. Véanse sus circunstancias principal
indro-ojival.—*Dimensiones:* 128 metros l
nen 11.000 metros cúbicos.—*Construcció*
ón general de aluminio ara obtener la i

ASCENSIONES.—Efectuáronse tres: en la primera (2 Julio) sobrevino la avería del peso móvil y se apreciaron algunos defectos, tales como la pequeñez de las hélices, la impotencia del motor y de los timones y la defectuosa distribución del lastre. Reconocióse la necesidad de adicionar un timón horizontal, corregir el peso móvil y reemplazar la pasadera por una viga doble T. En la segunda experiencia se vació uno de los 13 compartimientos, á causa de lo cual el globo cayó en el lago. La tercera, y última ascensión, se hizo con la atmósfera en calma; se consiguió cerrar la curva, pero se apreciaron no pocos inconvenientes.

JUICIO CRÍTICO.—Ante las colosales dimensiones de este globo, se comprende las dificultades de todo género que acompañaron á su ascenso y descenso. Las complicaciones de la maniobra, la necesidad de producir un considerable volumen de gas, y la fácil deformabilidad de tan gigantesca envolvente, no hacen recomendable este tipo.

Santos Dumont.—El conferenciante recuerda las envidiables cualidades morales y físicas de este hombre extraordinario, señaladas ya en la primera conferencia del curso. Su irresistible vocación y su indomable tenacidad resplandecen desde su infancia; en menos de cuatro años se le ve manejar tres globos esféricos y seis dirigibles; su ascensión en *El Brasil*, realizada el 4 de Julio de 1898, es notable por ser ese globo esférico el más pequeño de todos los que se han tripulado. Refiriéndose á los dirigibles, el Coronel Marvá entra en un amplio estudio del que sólo podemos dar un esbozo.

SANTOS DUMONT, NÚM. 1.—Longitud, 25 metros, volumen, 180 metros cúbicos. - Motores Dion Bouton, dos, uno sobre otro, sumando 3,50 caballos.—Barquilla ordinaria.—Lastre de cuerda y de arena en dos sacos.—El aerostato resulta muy deformable á pesar de tener globo compensador.

Las primeras experiencias (18 de Marzo de 1899) se hacen sobre amarras; la deformalidad se acentúa con los movimientos de la hélice; una ráfaga impulsa el globo contra unos árboles y se rompe el timón. El 18 de Septiembre se realiza la experiencia del globo libre; éste se pliega y cae desde una altura de 400 metros.

SANTOS DUMONT, NÚM. 2.—Como el núm. 1. La lluvia lo estropea en una ascensión.

SANTOS DUMONT, NÚM. 3.—Largo, 20 metros; diámetro, 7,50 metros; volumen, 500 metros. Es más corto y estable que el núm. 1. La hélice es de aluminio, y el timón plano y triangular, se coloca más bajo. Los pesos están mejor repartidos. El 13 de Noviembre de 1899, da por primera vez la vuelta á la torre de Eiffel.

SANTOS DUMONT, NÚM. 4.—Antes de presentar este tipo, su incansable autor tripula en Niza un globo esférico que, al descender, es arrastrado por una ráfaga, con gran peligro y algunas contusiones para el aeronáuta.

El modelo núm. 4 tiene 420 metros cúbicos. Carece de barquilla, y en su lugar lleva un bambú con sillín de biciclo y pedales para el arranque del motor. La hélice, de cuatro metros de diámetro, es anterior. Practica varias ascensiones, intentando ganar el premio Deutsch, y en una de aquéllas sufre la rotura del timón.

SANTOS DUMONT, NÚM. 5. —Largo, 36 metros; diámetro, 6,50 metros; volumen, 550 metros cúbicos. Globo compensador de 50 á 60 metros cúbicos. Barquilla de 18 metros de largo por un metro de altura, suspendida por cuerdas de piano de $^8/_{10}$ de milímetro. Motor Buchet de petróleo de 40 caballos y 175 kilogramos de peso. Hélice de cuatro metros de diámetro. Cuerda freno de 38 kilogramos como lastre corredizo.

El 12 de Julio de 1901, da cinco vueltas por encima del Hipódromo; contornea después la torre de Eiffel, y sufre una avería en el timón. El 13 de Julio, ante la Comisión del premio, lucha con viento fuerte, da vuelta á la torre Eiffel en cuarenta minutos, sobreviene un desarreglo en el motor y cae sobre el jardín de Rothschild. El 8 de Agosto naufraga sobre el Hotel del Trocadero.

SANTOS DUMONT, NÚM. 6.—Longitud, 33 metros; diámetro, 6 metros; volumen, 622 metros cúbicos. Análogo al anterior. El 6 de Septiembre una corriente le arroja con averías sobre el parque de Rothschild. El 29 de Octubre, contra un viento de seis metros por segundo, cierra la curva alrededor de la torre Eiffel en 29′ 30″, y gana el premio Deutsch.

JUICIO CRÍTICO.—Desde el punto de vista de la técnica aeronáutica, el valor real del globo Santos Dumont no correspode á la resonancia inmensa que ha tenido. La forma simétrica no acusa un progreo, y las precauciones para disminuir las resistencias al avance y garantir la estabilidad, la indeformabilidad, la dirección, etc., no descuellan ni añaden nada nuevo á las conquistas realizadas por Renard y Krebs, en cuanto á la estructura y disposición de las partes. Así se explican los conti-

nuos accidentes y averías de las ascensio
de petróleo ha demostrado su superiori
en poco peso; lo demás lo ha hecho la int
severancia.

Comparación de los diversos dirigible
á su disertación presentando el adjunto
abrazar en conjunto las principales cara
gibles estudiados.

* *
*

Al terminar esta conferencia y con
constituyen el programa de 1902, el sabi
zosa clausura del Curso le impida consa
exposición de las máquinas voladoras, *a*
cuales se pretende resolver la navegació
pesados que el aire. El auditorio compart
anhela nuevas ocasiones de escucharle, c
sos repetidamente tributados al maestro,
resonado los muy entusiastas de esta RE
ger en sus páginas cuanto signifique ho
en suma, la fórmula del engrandecimient

44^m	36^m	28^m	$50,40^m$	$47,50^m$	128^m
12	14,45	9,2	$8,40^m$	14^m	11,65
2.500^{m3}	3.600^{m3}	1.060^{m3}	1.864^{m3}	3.697^{m3}	11.300^{m3}
Vapor 3 caballos.	8 hombres 0,65 caballos y	Eléctrico 1,50 caballos.	Eléctrico 9 caballos.	Petróleo 12 caballos	2 motores de petróleo, 14 y 16 caballos.
de 3,4^m y 3 ramas.	1 de 6^m y 2 ramas.	1 de 2 ramas y 2,20^m	1 de 2 ramas y 7^m	2 de 2^m diám. 2 de 2,75 ídem 1 hélice–lastre.	2 de 3 ramas y 1,15^m 2 de 3 ramas 2 de 3 ramas

Apéndice.

En honor del Coronel Marvá.

Los discípulos y oyentes del Coronel de Ingenieros D. José Marvá, en la Cátedra de altos estudios del Ateneo, le brindamos con un banquete en la noche del 18 de Abril, como señal de cariñosa admiración á sus prendas y virtudes cívicas y militares. Más de 150 comensales en fraternal confusión de jerarquías, rindieron gallardo homenaje al hombre que por modo tan magistral mantiene en el Ateneo de Madrid la cultura militar moderna.

Generales y políticos eminentes, catedráticos y académicos, Jefes de carrera gloriosa y Oficiales de juveniles entusiasmos, representantes de la Marina, diplomáticos, aristócratas, Ingenieros civiles, y en general, los paladines beneméritos de la reconstitución nacional mediante la cultura y el trabajo perseverante y silencioso, ofrecieron un tributo de de tan alto relieve, que perdurará largos tiempos en la memoria de cuantos son amadores verdaderos de un remanecer de fortaleza y de opulencia, en la triste y desangrada España que alcanzamos.

Figuraban en la mesa de honor, que presidía el Sr. General Polavieja, los Sres. D. Gumersindo de Azcárate, el integérrimo patricio y eminente profesor; D. Enrique Serrano Fatigati, catedrático, académico y presidente de la Sociedad Española de Excursiones; el Sr. Duque de Bivona, joven secretario del Congreso que sigue la historia caballeresca y honrada de su inolvidable padre; los Generales Cerero, Ortega, Alameda, Arroquia, Luna, Urquiza y Gómez Pallete.

Sentábanse en las mesas restantes, los Sres. Caro, Flores, Igual,

M

Jara, Lapoulide, Lara, Lahuerta, Moreno (director de *La Ilustración Española y Americana)*, Núñés Granes, Portalatin, Conde de Val del Águila y el doctor Ubeda.

Tenientes: Aguirre, Arana, Barutell, Berenguer (D. Federico), Casuso, Civeira, Cordejuela, Iribarren, Kindelan, Llave Sierra, Marguerie, Rolandi, Rodríguez Perlado, Sol, Sancho, Saro, Sárraga y Salinas.

Capitanes: Alonso Mazo, Andreu, Barado, Barco, Barranco, Blanco, Castro y Ramón, Cervela, de Carlos, Enrile, Escario, Eugenio, Fernández, Golfín, Gallego, García Benítez, Jiménez, Manera, Manera (D. Enrique), Manella, Marqués de Martorell, Monfort, Martínez Unciti, Montoto, Páramo, del Río, Scandella y Soriano.

Comandantes: Azcárate, Boceta, Benito, Cantarero, Carpio, Carreras, Eguía, Marqués de Villasante, Gayoso, Gómez Núñez, González Estefani, Ibáñez Marín, Maza, Mier, Montero (D. José y D. Juan), Moreno, Rávena, Saavedra, Soroa, Tejera, Turner, Valenzuela, Vives. El Teniente de navío D. Adolfo Navarrete. Los Comisarios Madariaga y Robles.

Tenientes Coroneles: Abeilhe, Agulla (Jefe de Cazadores de las Navas), Arizcun, Arráiz de la Conderena, Cañizares, Díaz Benzo, Enrile, Gallego (Jefe del batallón de Telégrafos), García Alonso, López Lozano, Luxán, Llave, Pintado, Ripollés (Jefe del batallón de Ferrocarriles), Rodrígez Mourelo, Urzáiz, Uriondo.

Subinspectores de Sanidad: Coll, Larra y Cerezo, Salinas.

Coroneles: Arias (Director de la Academia de Ingenieros), Benítez Parodi (Jefe del Depósito de la Guerra), Casanova, Castro y Cea (del Cuarto Militar de S. M.), Cebollino, Delgado Santisteban (Gobernador Militar de Buenavista), Escriu (Director del Parque), García de la Concha (Jefe del regimiento de Ceriñola), Iglesia (Jefe del primer tercio de la Guardia Civil), Lafuente, Lizaso, Madariaga, Manso (Jefe del regimiento de Saboya), Martín Arrúe, Milans del Bosch (Jefe del regimiento del Príncipe, 3.º de Caballería), Suárez de la Vega (Director del Museo), Ugarte.

Al servirse el champagne, los organizadores leyeron adhesiones muy expresivas de los académicos Sres. Herrera y Torres Campos, del profesor de la Escuela de Guerra y distinguido publicista Sr. Amorós, de los Comandantes de Caballería Sres. La O y Navarro Ceballos-Es-

calera y de otros Jefes y Oficiales que, á causa de sus quehaceres peren-
torios, no pudieron asistir personalmente al homenaje.

Se dió conocimiento también de los siguientes telegramas y cartas,
cuya lectura provocó más de una salva de aplausos:

Coronel, Jefes y Oficiales primer regimiento Ingenieros felicitan
cordialmente á querido amigo, profesor y compañero, Coronel Marvá,
por su merecido y alto renombre.

Los Jefes y Oficiales del 2.º de Zapadores, en telefonema dirigido
desde el Campamento de Carabanchel, saludaron al ilustre maestro.

Jefes, Oficiales 3.º Zapadores, felicitan Coronel Marvá por brillante
campaña Ateneo.—*Miguel.*

Desde Barcelona, los Jefes y Oficiales del regimiento de Ingenieros,
juntamente con los que sirven en centros y dependencias, enviaron el
telegrama siguiente: «Ingenieros militares le felicitan éxito confe-
rencias-—*Barraquer.*»

Desde *Zaragoza*: «El Coronel, Jefe y Oficiales de Pontoneros sa-
ludan afectuosamente á todos los reunidos y se asocian al homenaje
que tributan al Coronel Marvá, por sus brillantes conferencias en el
Ateneo, que tan alto han dejado el nombre del Ejército-»

«Los Oficiales de la compañía destacada en Cuenca ruegan hagan
presente su adhesión al ·homenaje Coronel Marvá.»

El Coronel del regimiento Inmemorial del Rey, Sr. Marqués de
Mendigorría, excusó su asistencia de esta suerte:

.....«tenemos instrucción de división y concluiremos ya anoche-
cido, siendo imposible que ni yo ni otros Jefes ni Oficiales asistamos al
banquete.

Pero doy á usted mi representación para que haga constar la mía
muy calurosa y expresiva en honor del Jefe que representa una verdadera gloria científica de la Patria y del Ejército.»

Desde Toledo, el Coronel Díez Vicario, Director de la Academia
de Infantería, envió el siguiente telegrama:

«Saludamos en Coronel Marvá cultura militar española, esperanza
de días mejores mediante trabajo, abnegación, patriotismo.»

El Sr. General Escario, del Cuarto Militar de S. M., con una mo-
destia que le honra, se adhirió en los siguientes términos:

.....«En el banquete con que se obsequia al ilustre Coronel Marvá
para demostrarle nuestro reconocimiento y nuestra simpatía, rindién-

dole el tributo de respeto y de admiración á que es acreedor, por sus conferencias en el Ateneo, sea usted intérprete, cerca del ilustre profesor, de mi adhesión entusiasta á ese acto, al que me veo privado de asistir, como lo he hecho á las conferencias, por mi reciente desgracia.

¡Ojalá que el acto que hoy se realiza sirva de noble estímulo á otros ilustrados compañeros, para que se difunda el amor al estudio en la propia forma que lo hace el Sr. Marvá, así como de ejemplo en el Ejército para que, los que tenemos que aprender, sepamos realzar y premiar de alguna manera los desvelos de los que son estudiosos».

Por su parte, el General D. José Marina que, durante los cursos anteriores asistió puntualmente á la cátedra del Ateneo, saluda al Coronel Marvá, dirigiendo el siguiente despacho á los organizadores:

«Felicito á cuantos tributan homenaje de respetuoso cariño al maestro, que en el laboratorio y en la cátedra, en las construcciones de obras de guerra y en el libro, tan alto ha colocado el nivel ciencia militar española. Honrando el mérito mostramos nuestra virtud y eficacia de marchar por sendas que lleven á España á días de gloria, de poder y de riqueza».

Estas manifestaciones fueron oídas con señales de satisfacción, por los comensales, de igual suerte, que fué recibido con aplausos el saludo del Comandante en Jefe del II Cuerpo, General D. Agustín de Luque, que dice:

«Si perentorias ocupaciones cargo no exigiesen mi presencia aquí, hubiera ido á esa hermosa fiesta á expresar que desde la cátedra del Ateneo, ha sabido el Coronel Marvá con su sabiduría y sencilla elocuencia, despertar amor, estudio, entusiasmo y esperanzas aquí, y vivo interés más allá de las fronteras. Mi aplauso sincero iniciador es banquete, en el cual estoy en espíritu.»

Finalmente, el Marqués de Peñaplata envió su salutación expresiva de la que extractamos algunos párrafos:

…«y lamento de veras que el delicado estado de mi salud no me permita concurrir al banquete con que obsequian sus admiradores al Coronel de Ingenieros, D. José Marvá, por el modo magistral con que durante dos cursos viene explicando la ciencia militar en el Ateneo de esta corte, lecciones que he seguido con el mayor interés en las revistas profesionales y que son muestra elocuente de sus vastos conocimientos en las diversas materias que ha tratado, especialmente las últimas, que á aerostación se refieren y que son, como todas, un modelo de exposición y de enseñanza.

Anciano ya, achacoso y desairado por la fortuna, que no se encariña con los viejos, sólo me resta contemplar la labor de los jóvenes, admirar sus talentos, ensalzar sus virtudes y animarles para que perseveren en el buen camino, que es áspero, pero que ofrece al final la más preciada de las recompensas: el sentimiento del deber cumplido.

Amante de mi Patria como nadie, entusiasta cual ninguno por el Ejército y admirador sincero de los que, como el Coronel Marvá, trabajan por su engrandecimiento, mi satisfacción es inmensa, cuando, como hoy, se me presenta ocasión de tributar mis alabanzas á los compañeros que se distinguen por su aplicación y por su saber, y pueden estar seguros, así el Coronel Marvá como cuantos en el banquete le acompañen, que si no en presencia, estoy con ellos en espíritu para levantar mi copa y brindar: ¡por el Coronel Marvá, que con su talento, su aplicación y su laboriosidad, tan poderosamente contribuye á elevar el prestigio del Ejército y el de la nación entre propios y extraños!»

Estas frases del noble Capitán General fueron acogidas con entusiasmo por todos y por todos aplaudidas.

***

Luego de estas adhesiones, que reflejaban el sentir del Ejército de provincias y de los no conocedores de las conferencias del Ateneo, vinieron los discursos de cuantos han saboreado las enseñanzas del maestro.

Y el Coronel Martín Arrue, con entusiasmos de mozo, levantó la voz, en nombre del Centro del Ejército y de la Armada, para asociarse á aquel acto, que señala un progreso evidente en la cultura nacional. En términos briosos señaló la significación de festividad tan solemne, concluyendo con la gratísima nueva de que el Centro del Ejército y de la Armada, perseverando en su misión educadora y científica, inaugurará el próximo curso conferencias semejantes á las del Ateneo, aunque limitadas, como es lógico, á las cuestiones profesionales.

hacer la síntesis del discurso pronunciad
uestro compañero ilustre. Es de casa
límites de que no somos dueños. Baste
, su palabra, una de las más elocuentes
en la forma ática y severa, en la dicción
a, en el concepto que á las veces, parece
sta que trazara las directivas de nuestr
ilitar. ¡Cuánto dolor, que inteligencia y
n desde hace algunos lustros en la esfera
s buenos, suelen vegetar también los im
cracia, de los secretos de alcoba ó de la i
da salva de aplausos saludó al ilustre Azc
´ modo admira el Ejército á los varones
dos, que colocan la Patria y su gloria po
ráfago de la política. Azcárate, con pala
cia, se asoció al homenaje que se tributa
erísticas de progreso y de ciencia que a
rísticas que trascienden á la cultura gene
beneficio de la humanidad.
soldado, con frase llena de emoción y p
, el Sr. General Polavieja, á quien los c
ariñoso respeto, que se prolongó por a

el Coronel Marvá, con plácida emoción,
dida que avanzaba en su sentido discur
homenaje, que gustoso aceptaba por c

tributo á sus trabajos y estudios, sino a
el testimonio fehaciente de que el Ejércí
su saber y con su sangre, en paz como
a lucha y en los desvelos del gabinete y d
entos y con la cultura que de todas las
venir de España y de sus instituciones
de corresponder á su historia y á sus

ión tributada al Director del laboratori
más bizarro aquel que ofrecía la sala de
voción ál modesto Coronel, los primates

ores del acto los Sres. Generales López
iaron su felicitación al insigne Director
aron también el General Ollero, legítima
exministro de Instrucción pública Sr. G
rtuondo, y los Generales Loño, Capitá
z Inclán, Chacel y Mendicuti, espíritus s
staciones de la cultura patria.
tán General de Valencia, Sr. Pando, y l
Algeciras, se adhirieron, de igual suerte,

***

ISTA se asocia al homenaje, y debe consi
arrai ar sus ‑ ios ideales ue consider

—Los últimos progresos.—Política interna
Metalurgia.—Industria militar.—Ciencia na
nes.—Aerostación....................

.—Prolecómenos de la navegación aérea
aspecto general.—Genealogia del globo no
del siglo xviii..................

—Historia del globo militar.—Las campaña
cripción del globo esférico..............

—La envolvente de los globos.—Envolvent
tálicas...................

—Red, barquilla y aparatos.—La red.—Elei
el cuerpo del globo.—Barquilla, ancla, lastr
ratos aeronáutico-marítimos............

—El globo cautivo.—Estudio de éste y de los
Aerostación de campaña.—El globo-comet
lindros.........................

Los parques aerostáticos.—Su material
Ejércitos de Europa.—El globo en el fuego.

Fotografía y otras aplicaciones.—Fotogi
cautivo.—Aplicaciones varias.—Las ascensi

El globo libre: primeros dirigibles.—El gl
ascensiones á gran altura.—Primeros dirigib

Los globos dirigibles.—Métodos de navega
Andrée al Polo Norte.—Teoría de los dirigi

Los globos dirigibles.—Él motor y la hélic
dernos.....................

naje al Coronel Marvá.................